# 女孩，12岁请打开

## 成长型思维指南

[美]肯德拉·科特斯 著　王艺蕊 译

生活·讀書·新知 三联书店　生活書店出版有限公司

First Published in English by Rockridge Press, an imprint of Callisto Media, Inc.

图书在版编目（CIP）数据

女孩，12岁请打开 : 成长型思维指南 / (美) 肯德拉·科特斯著 ; 王艺蕊译. -- 北京 : 生活书店出版有限公司, 2023.8
ISBN 978-7-80768-417-6

Ⅰ. ①女… Ⅱ. ①肯… ②王… Ⅲ. ①女性—思维方法—青少年读物 Ⅳ. ①B804-49

中国国家版本馆CIP数据核字(2023)第103880号

插画：何昀鹤

责任编辑　程丽仙
特约编辑　李佩姗
装帧设计　朱丽娜　龚　爽
责任印制　孙　明
出版发行　生活書店出版有限公司
（北京市东城区美术馆东街22号）
图　　字　01-2023-2928
邮　　编　100010
印　　刷　北京启航东方印刷有限公司
版　　次　2023年10月北京第1版
2023年10月北京第1次印刷
开　　本　889毫米×1194毫米　1/32　印张 5.5
字　　数　72千字　图18幅
印　　数　0,001-5,000册
定　　价　49.80 元
（印装查询：010-64004884；邮购查询：010-84010542）

本书献给
鼓励并指引我成长的鲁昂和里德，
希望此书
可以帮助她们形成成长型思维。

亲爱的小读者：

感谢你翻开这本书。它是专门为你而写的，我想将它作为一份礼物送给你，因为我在你这个年纪的时候，也曾希望拥有这样一本书。

这本书也是我想送给女儿的礼物，在写作这本书时，她才 10 岁，却帮了我不少忙。记得有一天晚上，我让她阅读书中的某几页内容时，她很快就按下了删除键，并摇着头对我说：“妈妈，你不要这么写，这么写很没意思。”我的本意是在这几页的内容中展现我的睿智，经过她的提醒，我又读了一遍这些内容。我发现她是对的，这些内容并不是那么有趣，也没有我想的那么机智。多亏了她的建议，我才能不断完善书中的内容。向你信任的人寻求帮助和建议会帮助你把一件事做得更好。

希望你能在这本书里找到一个安全的空间，并在这个空间里学习和探索，发现自我以及你所拥有的无限潜能。

让我们一起努力，使这个世界成为对你我、对大家而言都更美好的地方吧。

你永远的朋友肯德拉

# 目录

# 改变世界

不需要

# 魔法

因为我们本身就拥有

# 无穷的力量

—— J.K. 罗琳

J.K. 罗琳是英国作家，她写了“哈利·波特”系列和《偶发空缺》。

# 引　言

你知道吗？此刻的你充满力量。凭借这股力量，你可以学习、改变、设计、创造、帮助、激励、教导和成长。你为自己设定好目标并为之努力，直到梦想成真。你可以改变这个世界。你是现在和未来的思考者、学习者、发明家、设计师，是引领变革、修筑梦想的人，也是领袖。

那么，这股力量从何而来呢？你生来就具有可塑性，这意味着你会改变，并且能够学习任何你想了解的东西。这股力量始终存在于你的体内。你就是这股力量本身。

你要如何去使用这种力量呢？阅读这本书就是一个很好的开始！你可以将阅读的过程当作一次旅行——一种更好地了解自己的方式，然后自己去决定如何将书中的内容付诸实践。你可能会选择去做社区志愿者，结交新朋友，加入运动队，参与音乐剧或演出的试镜，加入科学、技术、工程、艺术或数学（STEAM[1]）社

---

[1] STEAM（包括科学、技术、工程、艺术和数学）教育是以跨学科整合的方式培养学生 STEAM 素养的一种技术教育，发源于美国，由美国弗吉尼亚科技大学的雅克曼教授在原有的STEM 教育的基础上提出。（本书中所有脚注均为译者注）

团，设计并组织实施一项研究课题，担任学生干部，学习一种新的乐器或语言，甚至写一个小故事或一本书。

读完这本书，你将会进一步了解存在于你体内的力量，以及如何使用它。具体来说，你将会：

★ 锻炼好奇心和勇气；

★ 增强自信；

★ 设定目标并付诸实践；

★ 提出问题，并从问题与答案中对一件事产生新的理解；

★ 自信地发表自己的想法和意见；

★ 更加了解自己的想法和情绪；

★ 激发创造力；

★ 学会踏实快乐地面对学习的风险和挑战；

★ 从错误中学习；

★ 笑对失败；

★ 培养同理心；

★ 培养与朋友、家人和老师的关系；

★ 打破常规，制定新规；

★ 舍弃陈旧的思想；

★ 设计并探索属于自己的道路。

你拥有无限潜能。你的前程远大而光明。属于你的冒险正在等待着你。

## 你需要准备什么？

你准备好了吗？我想你一定可以猜到，你最需要准备好的就是你自己！无论你正处于什么样的状态，只要你想释放自己的力量，就需要自己的努力和许可。你需要善待自己并且充满耐心。你需要保持好奇，常常质疑。你需要自信和勇敢为你护航，让你可以做真正的自己。你要有勇气去探索新的思维方式。你需要习惯并且接受自己会犯错。（相信我，这很有趣！）

最后，你要知道这是一个安全的学习环境。这里没有评判，也不进行评估。这里没有对错，你也无须向任何人证明什么。在这里，你可以放轻松。

如果你愿意，可以拿起纸和笔，记录下你的想法，当然也可以只记在你的脑海中。如果灵感来了，这本书的最后还有让你留下笔记的空间。如果那些爱你的人和关心你的人想要与你一同学习，那么在你准备好后，别忘了和她们分享你的旅程。你可以向她们提问，并尽可能地分享你的想法和情绪。

## 关于性别的说明

这是一本为所有女孩和年轻女性所写的书。所有的女孩和年轻女性都能从这本书里获得帮助。虽然书中使用“她”“她的”进行指代，但里面的内容同样适用于“她们”“她们的”“他”“他的”“他们的”或其他所有人。如果你是男孩，并且正巧翻开了这本书，这里也有很多很酷的东西供你学习。

为了更好地支持女孩们，彰显女孩力，在翻译的过程中，我们选择用“她们”来指代包括男性的群体，并统一将英文中没有明确性别指代的“they”翻译为“她们”。

我们可以选择

# 勇往直前

也可以选择安于现状

但是我们不能

两者兼得

——布琳·布朗

布琳·布朗是《纽约时报》畅销书作家，临床社会工作者，她进行羞耻、脆弱和领导力等方面的研究。

# 第1章

# 什么是成长型思维

我们曾经认为天圆地方；我们曾经认为动物之间无法交流；我们曾经认为月球上没有水……人们总是有很多“错误的认识”。

其中一大“错误的认识”就是人脑不会发生改变，从生到死它都只是我们的头颅中一个固定不变的固体块。但是感谢神经科学家，我们现在知道脑部具有神经可塑性——它会像你一样发育和成长！你所经历、思考、感受和从事的事情，会让你的脑部不断成长。也就是说，人脑有无限的学习潜力。

在这一章中，你将了解到学习和成长型思维之间的关系。你会完成一堂关于“意志力”的速成课，学会如何使用自己的意志力。是不是很棒？不仅如此，你还会学到一个为你打开生活新大门的魔法词语。

# 挖掘你的超能力

学习是我们与生俱来的能力。在你出生前，就已经开始倾听和体验来自外界的刺激了。你出生以后，对于学习的渴望很快就会爆发，你的脑部也随之做出令人难以置信的反应。你像松鼠收集过冬的坚果一样，不断地收集着信息。你靠接收各种各样的新鲜事物来认识这个世界。你猜怎么着？你的脑部所进行的这些学习会贯穿你的一生。

那么，这些收集知识的行为与成长型思维有什么关系呢？究竟什么是成长型思维呢？成长型思维是一种信念——相信你的智力、能力、技能、天赋甚至个性都不是一成不变的。这些核心内容决定着你是谁，并且会随着时间的流逝而发生改变。它们是怎么变化的呢？你不断尝试、失败和学习会一直推动它们发展。

培养成长型思维最重要的一点就是相信自己的学习能力。学习是做所有事情的关键所在！我们迄今为止所有酷炫的探索发现和发明创造，都源自人类超强的学习能力。如果人类没有学习能力，你就不会拥有手机、衣服、冰箱或者这本书。

学习会使你变得更聪明，帮助你在做自己擅长的事情时更加得心应手。学习会使你更加善待他人，更好地理解自己和他人的感受。学习会带来无限可能！

通过学习，你可以推动自己的智力、能力、技能和天赋进一步发展。你可以在自己专注的任何方面变得更好，也能让自己变得更聪明。

## 成长型思维与固定型思维

几乎在神经科学家玛丽安·戴蒙德[1]对脑部有所发现的同一时期[2]，另一位女士卡罗尔·德韦克[3]正在试图弄清楚为什么有些孩子喜欢挑战，有些则不然。在卡罗尔成长的年代，人们普遍认为脑部是一个不变的固体块——“聪明”是一种无法培养的特质。卡罗尔管这种想法叫“固定型思维”。大部分人认为，你生来所拥有的智力就是你的全部智力。她们不知道神经是具有可塑性的。

卡罗尔觉得当时的主流观点是有问题的，所以她开始着手研究这方面的内容，并有了新的发现。凭借着最初的好奇心和后来的努力钻研，她发现，我们对自己智力的看法在很大程度上影响着我们后来所获得的成就。

卡罗尔还发现，当你激活自己的成长型思维时，你的感受、思维和行为方式会使你的脑部成长。当你激活自己的成长型思维时，也会获得很酷的新技能和天赋。

我们可以查看下表来了解成长型思维和固定型思维的区别。

---

[1] 玛丽安·戴蒙德是开创性的科学家和教育家，被认为是现代神经科学的创始人之一。她发现了神经可塑性。她还解剖过爱因斯坦的脑部。

[2] 指20世纪70年代。

[3] 卡罗尔·德韦克现任斯坦福大学心理学教授，是人格心理学、社会心理学和发展心理学领域的杰出研究者。

## 思维对比表

| 成长型思维 | 固定型思维 |
|---|---|
| 认为学习是将某件事做得更好的必经过程（经常告诉自己“我还不知道该怎么做”） | 认为学习是为了向别人证明自己的聪明才智 |
| 迎接挑战 | 逃避挑战 |
| 将困难看作学习的机会 | 很容易沮丧，并且认为沮丧是放弃的标志 |
| 寻求建议 | 寻求赞美而不是建议 |
| 将反馈看作进步的机会 | 将反馈看作批评 |
| 学习时寻求帮助 | 因为担心他人认为自己不知道怎么做某事，而拒绝寻求帮助 |
| 通过多种技巧和策略学习 | 通过有限的技巧和策略学习 |
| 将错误和失败看作学习和成长的机会 | 将错误和失败看作自己不聪明和没能力的标志 |
| 面对挫折和障碍坚持不懈 | 面对挫折和障碍轻易放弃 |
| 将努力和辛勤工作视为学习的途径 | 将努力和辛勤工作视为浪费时间 |
| 从别人的成功中获得鼓舞 | 因为别人的成功感觉受到威胁 |

改编自奈吉尔·霍尔姆斯的信息图和卡罗尔·德韦克的书《终身成长》。

如果你发现自己有很多固定型思维习惯，也不必慌张，因为我们身边充斥着陈旧的固定型思维的信息，所以几乎所有人都会有类似的经历。有时我们需要把一些信息抛到脑后，才能将固定型思维模式转变为成长型思维模式。不管你需要学习的东西有多少，只要你知道自己今天比昨天学到了更多，并且坚持下来了，就值得庆祝！

试一试

## 表扬自己！

请列出你学会的两件事情。写好以后，请夸夸你自己，因为你通过学习锻炼了自己的成长型思维！

你还希望多学些什么呢？请列出两三件你想要进一步学习的东西。你是否已对其中一些有一点了解，掌握了一些技能，或者拥有了一定的天赋呢？请记录学习新东西的过程是如何与你已有的认知、想法、感受和行为之间产生联系的。

## 什么是意志力?

有个女孩在数学课上十分专注，她喜欢提问和记笔记。虽然她一直非常努力，收获却不多，但她没有放弃。遇到困难以后，她尝试了另一种学习方式，她发现可以从自己的错误中学到知识，并开始向其他人寻求更多的帮助。

女孩的数学老师注意到了女孩的努力和她独特的学习方式，也看到了这位小数学家优秀的学习能力和她专注学习所获得的成就。最终，女孩的专注和努力获得了回报。女孩的老师也受到女孩的启发，开始了一系列关于意志力的研究。

这位数学老师名叫安杰拉·达克沃思。安杰拉对意志力的好奇心驱使她走遍世界各地，去研究人们是如何在自己感兴趣的事情上做得更好的。她不断质疑、记录、钻研、多方尝试、犯错又从错误中学习，并且不断地向他人寻求帮助。安杰拉做了数学课上那个女孩所做的一切。她锻炼了自己的意志力。

现在，让我们来看一看，当我们努力尝试时会得到什么。想象一件你很关心或想去尝试的事。这件事可以是照顾小动物或者是用自己的电脑编一个小程序，可以是打篮球或写作，也可以是唱歌或者开启属于你自己的事业，又或者是作为代表针对全球气候变化问题或女孩教育问题进行宣讲。

我关心或想尝试去做的事：

现在，想象自己对刚刚写下的事情给予了很多的关注，集中精力投入了很多的时间，学习更多关于它的知识，研究它、实践它、谈论它，并且向其他人介绍它。你接受新的挑战，那些挑战帮助你在这件事上做得更好——不论面对什么样的困难，你都坚持不懈。你充满激情，面对困难没有轻言放弃。这就是意志力。

## 试一试

# 一步一步培养意志力！

你应该如何锻炼自己的意志力呢？跟随下面的建议去做吧。

1. 首先，问问自己“我对什么事情感兴趣？”或者“我希望在哪方面做得更好？”。

2. 然后，专注于你所感兴趣的事情，并写出两件能帮助你学习更多相关知识的事情。

3. 接下来，行动！请写出两件你明天就可以开始做的事。

4. 最后，善待自己，要有耐心。请写出两件你准备去做的、善待自己的事。

注意：你的兴趣和爱好可能会随着你的成长而改变，这是很正常的。

## 激情和毅力

安杰拉认为，意志力就是把激情和毅力相结合，努力去实现长期目标。让我们来解读一下“激情”和“毅力”。对一件事有“激情”意味着你很关注它，重视它，并且认为它十分重要。有“毅力”则意味着即使遇到阻碍，你也会努力完成某件事。你可能会挣扎或失败，也可能会遇到让你想要放弃的情况，但你都会坚持下去。

> 当你遇到挫折时，要马上振作起来，
> 永远别听那些
> 说你不行或让你放弃的话。
>
> —— 希拉里·罗德姆·克林顿
> 律师，美国前第一夫人，前联邦参议员，前国务卿

这听起来很难吗？有时即使我们很专注于某些事情，依然很难坚持下去。不过，意志力给了我们继续下去的力量。意志力使我们为自己学习和从事的一切感到快乐和自豪。意志力让我们感觉自己无所不能。

怎么知道你是否拥有意志力呢？很简单：

**我们每个人都拥有意志力。**

那么，你又该如何使用并培养、增强意志力呢？答案是：通过不断磨炼自己！

对某件事有激情，意味着你很关心在意它。激情会让你更容易也更轻松地渡过难关。那么，什么是“激情调味酱”呢？激情调味酱就是你成功做到一件事所需的能力。

激情调味酱就如同将各种食材混合熬制创造出的美味。当你拥有下面“菜谱”中提到的特质，你就会创造出一种激情调味酱，这种神奇的酱料会使你充满力量。

# 一个神奇的词语：还没有！

你可能还不了解即将学到的这个神奇词语——“还没有”。

“还没有”这个词语可以帮助我们解释学习和时间之间的关联。比如，你可能还不知道怎么去做一件事，这是由于你在过去没有学习过如何去做。你需要时间、经验，甚至是多次的试错和失败，才能真正学到东西。

在这里我想和你分享一个小妙招：你可以试着在表达自己做不了某些事情时加上“还没有”。

我还没有学会骑车。

我还没有学会代数。

我还没有学会画画。

当你在表达时加上“还没有”这个词语，它会将那些对你来说很困难的事情，转变为你可以完成的事情。“还没有”这个神奇的词语，可以帮助你持之以恒地学习任何东西。

做好某些事需要一个合适的方法——一个你可以随时使用的方法。你已经准备好学习了吗？只有当你决定认真学习以后，你才能在某些方面做得更好。刚开始的时候，你可能会因为自己在进行新的尝试而感觉举步维艰，当你下决心学习后，还需要努力督促自己坚持住，撑过这个阶段。还记得数学课上的小女孩吗？她同样经历过尝试和失败，寻求过帮助，但她始终保持耐心，并且坚持不懈。

要想做好一件事，就要同时具备成长型思维（“我相信我能学会怎么做”）和意志力（“我可以克服困难”）。只要你对新事物抱有这样的信念和态度，就可以做好任何一件事，无往不利。

试一试

## 列一个“还没有”完成的事情清单！

有哪三件事你还没有学会？请在下方气泡框中列出你暂时还不会做，所以要去学习的事情。

# 讲给自己的故事

你知道你的脑部生来就会讲故事吗？事实上，人脑是地球上最古老最有智慧的讲故事大师。

脑部通过讲述故事来帮助你理解周围的世界。有的故事可能很短，只有几个词语或一句话；有的故事可能很长，有很多段落；有的故事则如同史诗般拥有连续不断的壮丽篇章。你的脑部不断接收、整理着信息，并将这些信息整合为一个完整的故事。你也在不断地编辑、修改和重写这些故事。你的头脑中拥有一座庞大的故事宫殿！

当你的脑部讲述这些故事时，自然会告诉你自己擅长什么。但是，当你的脑部告诉你自己不擅长什么时，问题就出现了（因为这不是真的）。同样，当你将自己不喜欢的事情与不擅长的事情画等号时，也会出现问题。

“我不喜欢演讲”和“我不擅长演讲”这两种说法有很大的差别。当你说你不喜欢一件事时，你是在表达一种喜好。虽然所有人都有自己喜欢做和不喜欢做的事情，但是当你说自己不擅长做某件事或者做不了某件事时，就是一种自我限制。这等于你还没有开始做，就放弃了。如果你决定做一件事，比如演讲，并且希望深入学习关于演讲的技巧，一个具有成长型思维的人会说“我还不能在他人面前演讲”，或者说“在他人面前演讲我会感到紧张，但是这很正常！”。

当你将自己还不能完成的事情看作是考验、尝试、深入理解和学习的机会时，你的世界会豁然开朗。你要相信只要自己投入足够的时间、专注、耐心和毅力，总有一天能学会这些事。要相信这种坚持会让你的人生更上一层楼，你也会从学习中体验到更多的乐趣，经历更多激动人心的时刻。

## 她拥有意志力！

想象一下，你对教育的力量深信不疑，因此你愿不惜一切代价来捍卫自己和其他女孩上学的权利。马拉拉·尤萨夫扎伊就是这样一个女孩。她 15 岁时就经历过一次袭击，并从袭击中幸存下来。这次袭击的目的是阻止她捍卫巴基斯坦女孩获得教育的权利。袭击发生以后，马拉拉没有退缩——至今她仍不曾退缩。2014 年，她被授予诺贝尔和平奖，成为有史以来最年轻的诺贝尔和平奖得主。这就是永不放弃的意义所在。

## 检查你自己的故事

有时候，你给自己讲一个故事讲多了，自己都会慢慢相信那是真的。因此，我们理应每隔一段时间就来检查一下这些故事，看看它们是否依旧真实。比如你一直告诉自己“我不能弹钢琴”，那你很有可能这一生都体验不到敲击琴键的乐趣了，你也可能会错过加入乐队、为观众演奏和结交新朋友的机会，甚至还可能会错过环球演奏的机会！

如果你发现你给自己讲的那些故事里，有的和这个弹钢琴的例子有些相似，那么你可以尝试重新描述这个故事，比如：“我还没有学会弹钢琴”。当你下决心学习新鲜事物的时候，你一定知道自己会在学习的过程中遇到困难（这并不是说弹钢琴很容易）。但是，比认识到困难更重要的是去关注学习可能给你带来的新机会，同时你应该相信自己的能力，并投入尽可能多的时间和努力。

试着改编你的故事，使它们对你有意义，尊重你、重视你和欣赏你。你的故事应该拓宽你的世界，支持你、激励你并勉励你。你的故事应该增加你的力量和潜力，并带给你更多的可能性。

## 试一试

# 创作一些新的故事！

你能想到三个你对自己讲过的限制自己的故事吗？请你回忆这些故事（如果进入这些回忆让你感到难受，你可以跳过它，以后再来回答），然后应用成长型思维，试着重新编写它们。记住：在表达中加入“还没有”可以使我们的故事从自我设限变成为自己创造无限可能！

| 限制性故事 | 新故事 |
| --- | --- |
| | |
| | |
| | |

这些故事中，哪一个会使你感受到充满能量和勇气呢？哪个故事更有趣呢？成长型思维最酷的一个方面就是让我们有更多体验趣事的机会。

## 辛勤工作和努力学习的故事

“辛勤工作或者努力学习很无聊”这个说法，是一个过时并且充满误解的故事。你可以将它改编成一个新的故事吗？

### 试一试

### 抄写下面的句子！

试着在纸上写下“辛勤工作和努力学习很无聊”。然后撕掉这张纸，并记得回收（为了保护地球环境），最后在新的纸上写下下面的句子：

辛勤工作和努力学习使我和他人都受益。

辛勤工作和努力学习有助于我学习新事物！

迎接挑战和直面困难有助于我脑部的成长！

可以在这张纸上画上颜色和有趣的图案。你的脑部喜欢这些色彩和图画！

**人脑**

是一个可以拿在手中仅三磅重的

**固体块**

却可以

**思考跨越**

千亿光年的宇宙问题

——玛丽安·戴蒙德

1 磅≈ 0.454 千克。
1 光年≈ 94607 亿千米，表示光在真空中一年所走过的距离。

# 第2章

# 脑部的弹性

你知道吗？成长型思维的形成与你的脑部密切相关。当你尝试去做一件新的事情、犯错误并不断从中学习时，你的脑部也会随之发生变化。了解人脑是如何工作的，可以帮助你理解成长型思维如何影响你的生活，如何使你的生活变得更加丰富多彩，也让你能够勇敢地去尝试更多新鲜事物。



## 了解我们的脑部

人脑是地球上最为强大的学习生态系统。为什么这么说呢？因为它拥有无限的潜力。越是频繁地使用它，它就会变得越强大。你充满活力的脑部此刻就拥有着创造新事物的无限潜力。

神经科学家也和我们一样在不断地学习。她们直面困难，不畏挑战，并善于从错误中学习。她们一直在尝试用新的方法来学习关于脑部的知识。在研究脑部是如何变得更强大、更聪明时，神经科学家自己的脑部也在这个过程中变得更强大、更聪明。你学习的时候也是一样的。

### 脑部是如何工作的？

你的脑部由几个关键部分组成，这些部分协同帮助你体验周围的世界。当你坐在桌边时，当你看书或者看电脑时，当你跑步、思考、感受周围的环境时，甚至当你睡觉时，你的脑部

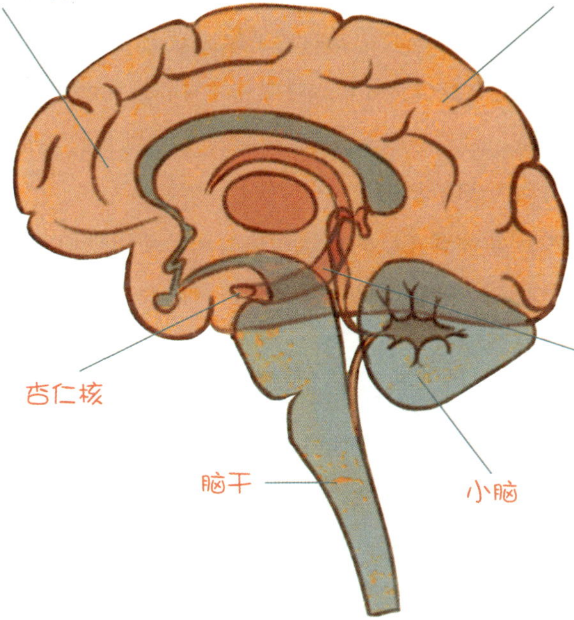




一直都在工作。

随着学习和积累，神经科学家们对脑部的很多部分都有了更多了解。接下来，就让我们一起来看看科学家们的发现吧！

你正坐在椅子上或者地板上阅读这本指南吗？你能够“坐着”，要归功于你的小脑，它可以帮助你保持平衡，并让你动作协调，当然也可以帮助你做出坐、站、走、跑这些动作。

你看到了什么？你听到了什么？如果你可以回答这些问题，请感谢你的大脑。你的核心感官、想法、谈话、情绪管理和学习都由大脑负责。

那么吸气、呼气以及我们的身体自动完成的其他动作是由什么来控制的呢？这些都要归功于你的脑干。脑干将大脑和小脑与脊髓相连，这样你才可以呼吸，才有心跳，才能消化食物、吞咽、睡眠、打喷嚏以及咳嗽……脑干会帮助我们完成这些需要身体自动完成的动作。

想要记住你现在读到的这些内容吗？使用你的海马体吧。它负责我们的长期记忆和短期记忆，帮助我们进行情绪管理，并协助大脑学习。

上一次你感到害怕时，发生了什么呢？你是反抗、逃离、止步不前还是晕倒了？这些都是我们（和动物）在面对危险时的不同反应。当面对危险时，我们需要感谢杏仁核帮助我们及时做出反应。生存是至关重要的事，而杏仁核为保护我们的生命做出了很大的贡献，这也是杏仁核在科学研究中受到了如此多关注的原因。同时，杏仁核在其他情绪的表达和记忆方面也起着关键作用。

除了上面提到的五个部分，你的选择、决定、计划和自我控制，又是由人脑的哪部分控制的呢？你可以决定吃什么零食，什么时候睡觉，也可以决定如何使用这本书。当你做出这些决定的时候，是前额叶皮质在发挥作用。它是形成成长型思维的关键，可以帮助你以健康的方式走出舒适区。有了前额叶皮质，无论何时你都可以下定决心去迎接挑战！

## 试一试

### 通过呼吸来放松脑部！

这里有很多脑科学的知识。首先，让我们停下手边的事（感谢前额叶皮质）。坐下来，调整你的坐姿（感谢小脑）。接下来，慢慢地深呼吸，用鼻子吸气1——2——3——，用嘴巴呼气1——2——3——（感谢脑干）。再来一次，吸气1——2——3——，呼气1——2——3——。这样的呼吸可以调节你的思维和身体，并改变你脑部的化学物质。

## 使脑部更强大

神经元是脑部的主要生长物质。我们的脑部正在以疯狂的速度产生着神经元，神经科学家甚至数不清人脑每秒能够产生多少个神经元。那么神经元有些什么作用呢？神经可塑性又是如何运作的呢？

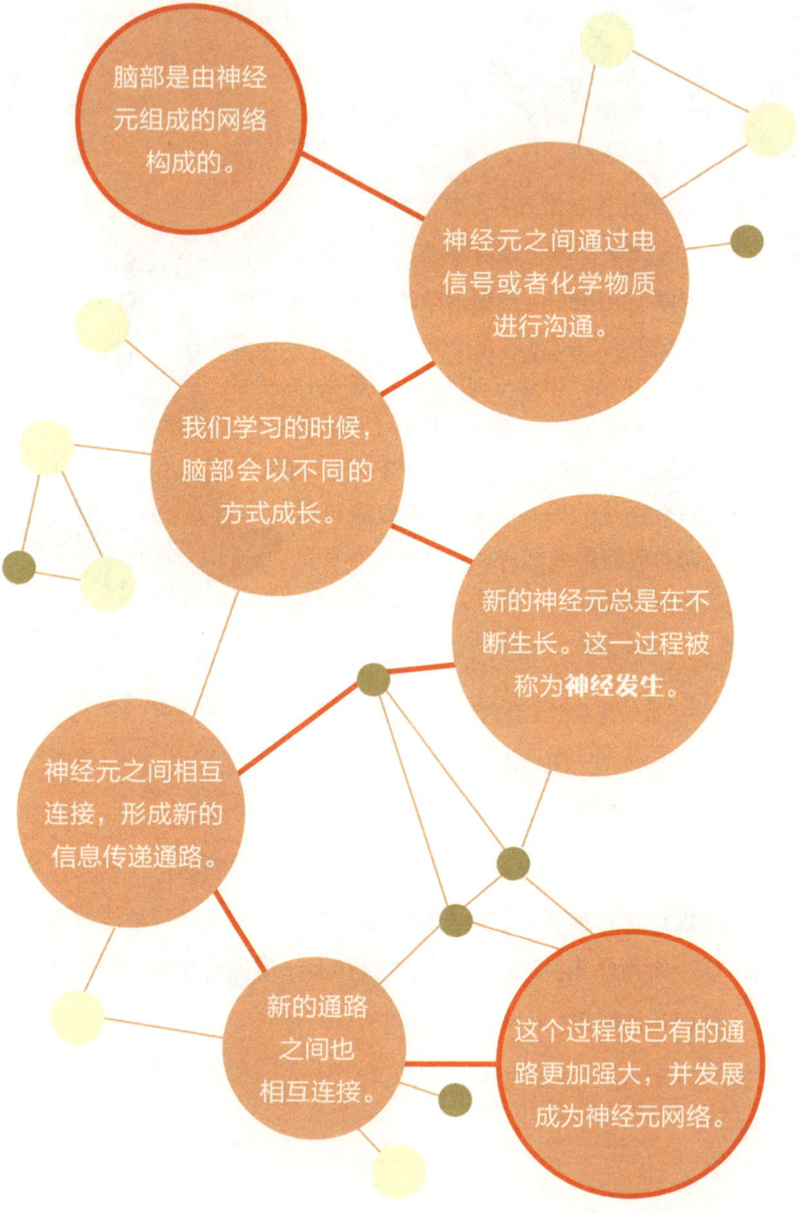
脑部是由神经元组成的网络构成的。
神经元之间通过电信号或者化学物质进行沟通。
我们学习的时候，脑部会以不同的方式成长。
新的神经元总是在不断生长。这一过程被称为**神经发生**。
神经元之间相互连接，形成新的信息传递通路。
新的通路之间也相互连接。
这个过程使已有的通路更加强大，并发展成为神经元网络。

我们越频繁地使用脑部，它就会产生越多神经元、建立越多神经连接和更加强大的神经通路。那么怎样才能通过锻炼使脑部更加强大呢？

- ★ 走出舒适区；
- ★ 迎接新挑战，并且不轻言放弃；
- ★ 付出努力，并不断练习；
- ★ 敢于犯错，还要善于从错误中学习；
- ★ 在学习中敢于冒险。

为了使脑部成长，你能做的最好的事情之一就是犯错。人脑很喜欢错误。当你犯错时，脑部就会亮起来。如果你做错一件事，而你的脑部意识到错误，它会变得更加活跃。犯错就像是脑部在玩游戏。

## 嘿，我还记得那件事！

如果现在让你回忆一下自己过去学过多少东西，你能数得清吗？成千上万？数以百万计？还是数以十亿计？大概很难数清。有趣的是，你很可能已经不记得在刚开始学习每件事的时候经历过多少困难了。随着时间的推移，做这些事变成了一种本能。

万事开头难。但是，当我们投入足够的注意力、精力和时间时，开始做一件事就会变得很容易。

试一试

## 向大象看齐！

大象以其超强的记忆力而闻名。

（过去）请列出两件你可以记起的，曾经学会的事情。

（现在）请列出两件你现在正在学习的事情。

（未来）接下来你想投入时间学习什么？请列出一件你将在本周开始学习的事。

# 人脑和创造力

我们在慢慢长大，创造力也在不断增强。你应该也注意到自己小时候写字、画画和创作的能力跟现在不太一样。请尽量不要对小时候的自己太过严苛——那时候的你正在学习如何握笔，如何将脑海中的图画誊到纸上。你的这些尝试，促进了神经通路的形成。请感谢自己儿时付出的时间、精力和努力，还有你所犯过的错误，正是因为这些，现在的你才能自由地写字、画画和创作。

这个进步的过程不仅发生在你学习写字和画画的时候。对于其他事情，比如养一棵植物或者发表一篇演讲，我们都有进行创造性思考的能力。成长型思维有助于我们从新的角度看待问题。



不要让任何人剥夺你的想象力、创造力和好奇心。
这是你生活的世界，你的人生。
竭尽所能，让生活成为你想要的样子。

——梅·杰米森，美国首位非洲裔女性航天员

## 目光远大，全面思考

随着年龄的增长，我们了解到思维方式是多种多样的。当我们用创造性思维去思考一个宏大的概念时，这种思维方式就叫作抽象思维。抽象思维有助于我们更全面地看待问题。我们常把抽象思维和具象思维放在一起比较。当你想到一只小狗的样子，你是在具体地思考一个实际的东西，这就是具象思维。如果你想到的是所有小狗（或是你有多喜欢小狗），就是在抽象地去想我们毛茸茸的伙伴，这就是抽象思维。

抽象思维同样适用于我们的思想、情感、行为和交流。你的弟弟妹妹或者朋友可能经常打扰到你，没准还会乱动你的东西。当你想到她们中的某个人做的某件让你烦心的事时，你可能会觉得恼火。但是，如果你想到的是你们之间的友情或亲情，你就能很快原谅她们的行为。

全面地看待问题，有助于我们以一种更具创造力、更有效的方式进行沟通，也让我们能够设身处地为他人着想，这就是同理心。

成长型思维会激发你对他人生活和经历的好奇心。在好奇心的驱使下，我们总会问“为什么”。你可能会问：“为什么她们总想和我一起玩或者来我家，为什么她们总是弄乱我的东西？”答案可能是：“她们关心我、爱我！她们依赖我，所以喜欢待在我身边。”这种想法会促使你深入思考她们的动机，有助于你更好地理解她们，并以一种让你们彼此都感到舒适的方式回应她们的行为。

试一试

## 锻炼你的同理心！

还记得你的兄弟姐妹或者朋友做过的让你恼火的事情吗？请将这些事写在左侧一栏中。然后，想想她们为什么这么做，当时她们可能正在经历什么，她们想要从你那里得到什么？试着换位思考，并在右侧一栏中写出你换位思考以后得出的结论。

| 使我恼火的事情 | 换位思考后得出的结论 |
| --- | --- |
| | |

## 激发创造力

你的脑部喜欢创造。好消息是，你的身边总是充满了新奇的事和令人兴奋的机会，所以帮助你的脑部抓住那些机会吧。记住：创造性的思考和行动可以有很多种形式。

**试一试**

### 激发创造力！

怎么激发创造力呢？从关注发生在你身边的事情开始吧！请列出两件你身边正在发生的事。

保持好奇。请写出一个你今天产生的疑问。

## 敢于尝试

我们之前提到过，杏仁核会保护你远离危险，所以当你尝试去做一件以前没做过的事时，会感到恐惧。不过，因为杏仁核对新事物并不了解，它有时并不擅长区别真正的危险（比如站在悬崖边上）和学习的机会（比如报名参加艺术班）。

其实，我们可以通过了解更多的细节，来收集关于一个机会的信息。比如这个机会是什么时候出现的？要学会它需要花多长时间？当你说“好呀，我会去试试”的时候，并不是做出了一个“死的”（不可更改的）决定。在进一步学习之后，你依然有机会改变自己的想法，做出其他选择。所以，你可以放心带上对新事物的恐惧，勇敢进行尝试。

试一试

## 情绪地图！

我非常期待去尝试：

当我想到要学习去做上面提到的这件事时，我感到：

我还想学习：

当我想到要学习这件事时，我感到：

为了抓住机会开始学习这两件事，我需要：

如果你没有被自己的

**梦想吓到**

就说明你的梦想

**还不够大**

——埃伦·约翰逊－瑟利夫

埃伦·约翰逊－瑟利夫是政治家和经济学家。她于2006年当选利比里亚总统，成为非洲历史上首位女性总统。

# 第3章

# 强大的思维

你的脑部和思维都在不断成长和发展，并且拥有无穷的力量、潜力和可能性。脑部和思维之间有怎样的联系呢？它们又是如何一同工作的呢？

我们听到过很多描述人们思维的句子。比如：

“我改变主意了。”

“保持开放的心态。”

“你在想什么？”

这些句子都描述了一个人的思维。但人们为什么会这样表达呢？为什么我们要说“我改变主意了”而不是“我改变脑部了”？在本章中，你将会了解到人脑和思维的区别与共通之处，了解它们是如何一同帮助我们学习、探索世界，又是如何在我们感到压力时使我们冷静下来的。

## 了解我们的思维

人脑是你头颅中一个不断变化的装置，是一个看得见、摸得着的物体。

那么思维是什么呢？简单来说，思维就是你的内心世界。当你停下来，花时间关注自己的内心世界时，就是在感受自己的呼吸和身体。与此同时，你可能还会注意到自己周围的事物。当你放慢脚步，你会与自己的思维形成一种新的联系。

慢下来感受自己的思维，会使你的脑部成为更强大的工具。这是因为慢下来给了你在不进行批判的前提下了解自己的想法、恐惧和梦想的机会。这种了解自己想法的方法就叫作正念。

## 什么是正念？

正念是指将注意力集中到当下正在发生的事情上。练习正念的诀窍是不要试图改变你已有的想法，而是去感受这种想法。你能够把自己的想法当作缓缓飘过的云朵吗？当你把想法当作云朵的时候，就不会去试图改变它们了。你只需要去感受想法本身。

正念使你能够去关注自己真正想要的东西。因为你的思维会相信你告诉它的一切，所以一定要多向你的思维灌输积极健康的想法，并将所有消极或不健康的想法及时进行回收或舍弃！

请写出三个你预备喂给自己的思维品尝消化的想法：

1. ------------------------------------------------

------------------------------------------------

2. ------------------------------------------------

------------------------------------------------

3. ------------------------------------------------

------------------------------------------------

如果你听说过正念，那你可能也听说过冥想。你可能会想到这样的画面：几个人坐在地板或垫子上，盘着腿，平静地感受思想的流淌。这正是冥想的场景。冥想和正念类似，是一种调节内心世界的方式。它可以调节你的想法、情绪和身体感觉。冥想让你尽可能接受自己的想法，对这些想法说“你好”，而不是回避或者淡忘某些想法。除了坐在舒适的垫子上，冥想的方式还有很多种。在冥想时，你所处的环境和使用的方式都不重要，重要的是与自己的思维产生联系。

试一试

## 进行冥想!

让我们以一个舒适的姿势坐好。慢慢地闭上双眼或是将目光向下移动到地面。慢慢地吸气 1——2——3——，呼气 1——2——3——。再来一次，吸气1——2——3——，呼气1——2——3——。

接下来，感受我们的身体。让我们从脚掌开始，慢慢地将意识向上移动，从脚掌到小腿、膝盖、大腿再到腹部。然后从双手到肘部、肩部，再从胸部到颈部，最后从脸部到头顶。将意识转移到你的思维中，然后进入你的内心世界。

接下来请想象一个地方，那里让你感到舒适、温暖和平静。这是一个怎样的地方呢？它闻起来是什么味道呢？当你处于这个美好的地方时，你的身体感受到了什么？接下来，请想象你慢慢走向这个地方，坐下来。在这里，你想待多久都可以。现在请继续想象有一朵温暖、柔软、平静的云围绕着你。这时你感到安全、自信和放松，你也产生了被尊重、被欣赏、被重视和被支持的感觉。

之后让我们环顾一下四周，看看这个地方有什么。在你想结束冥想的时候，慢慢让意识回到现实世界。这时你的耳中传来“欢迎回来”的声音。现在你可以睁开眼睛，让我们继续保持深长的呼吸，吸气 1——2——3——，呼气 1——2——3——。往后，只要你闭上眼睛，就可以在任何时候重游这里。

## 掌握你的想法

你正在想什么？不要怀疑，这是一个认真的问题，你现在在想些什么？你能捉住自己此时的想法吗？有时你会觉得自己的想法难以捉摸，这是由于它们数量庞大又飘忽不定。这些想法每天、每时、每刻都在变化，如同飘浮在我们“思维天空”中的想法云朵。有时你的“思维天空”中充满了阴沉的云。有时又遍布柔软的、朦胧的，或者其他形式的云。

有时那些变幻莫测的想法很难被听到或者被掌握。这是因为你的内心世界是一处繁忙之地。它在不断地思考、感受、参与、记忆和体验周围的世界，也在不断地学习，然后你会产生一个又一个想法。你可能会注意到某些想法，也会忽略其中的一部分（你的潜意识）。下面提到的方法可以帮助你使想法云朵的变化慢下来，让你更容易抓住和掌握它们。

掌握自己想法的关键是在“思维天空”中停留足够长的时间，这样才能抓住并看清你的想法云朵。接下来让我们尝试停顿片刻。请把手中的书放下，将意识移动到你的“思维天空”中，倾听自己此刻的想法。准备好了吗？现在开始。

…………

欢迎回来。停下来倾听自己的想法感觉怎么样？你是否能抓住并掌握其中的一些想法呢？接下来，花一点时间把你听到的想法记录下来吧。

倾听自己想法的过程，也是更好地了解自己的过程。毕竟你最需要去了解、理解和关爱的人就是你自己。

熟能生巧之后，你可以在一天中的任何时候进行正念练习，无论你在读书、闲坐、散步、吃饭、打篮球、听音乐、设计、创作、解决数学问题、涂鸦、绘画还是在听朋友讲话，你都可以随时查看自己的内心世界，审视自己。

试一试

## 看看想法云朵！

1. 找一个舒适的地方，将意识落在你的身体、你的存在上。主动去感受你正在做的事，比如你正在坐着阅读这段文字。
2. 放慢你的动作。如果你正在阅读，可以尝试慢慢地，一个字一个字地读——“放——慢——你——的——动——作——”，要尽可能慢下来。
3. 从精神上按下暂停键。暂时将你生活中的所有活动淡化、忘却。
4. 试着让周围世界的噪声变小，甚至忽略这些噪声。这有助于你关注自己的呼吸。
5. 最后，将意识转移到你的内心世界。倾听自己内心的想法，让你的意识像云朵一样，在思维天空中飘来飘去。

### 顽固的想法

学会如何学习是极其重要的，学着如何放弃也同样重要！这本书会教你练习如何跟新的体验和机会打招呼，对它们说“你好”，也会教你对陈旧、过时和有害的想法说“再见”。

在这个过程中，总会有一些想法，比你想象的更加顽固。它们反复出现，像是被粘在你的脑海中。这种现象被称作反刍思维。为什么某一个特定的想法会重复出现呢？因为我们关注什么，什么就会在我们的思维和脑部生长。

这其实是一件好事！它意味着只要我们去关注、重视那些会让我们成长的想法，这些想法也会在我们的内心世界生根发芽、茁壮成长。

## 积极的自我暗示

你每天都在有意无意地与自己对话交流。这很正常，所有人都会这样。

我们将这类与自己对话的行为称作自我暗示。虽然有时你会觉得这些自我暗示很唠叨，但正是因为这些对话，你才能更深入地挖掘自己的力量和潜能。

你还记得前文“讲给自己的故事”中提到的撰写、编辑和修改故事的标准吗？如果记得，那么你可以使用相同的标准，来查看你的自我暗示是不是也具备同样的特性：

★ 尊重自己

★ 欣赏自己

★ 支持自己

★ 激励自己

★ 给予你力量

如果你发现自己的思维兜兜转转带你走到一个让你感觉不太好的地方，请记住，这是正常的。你要尝试去接受这种处境，并告诉自己这种处境只是暂时的。当你持续向自己灌输这样的想法，并且感到自己准备好继续前进了，你就能改变这种不舒服的感觉了。

试一试

## 做一个小编辑！

请阅读下面列出来的一些想法，判断它们是否支持、帮助和鼓舞了你？是否符合我们上面提到的积极自我暗示的标准？如果不符合，请将这些想法进行改写，使它符合积极自我暗示的标准。

| 想法 | 是否能够支持、帮助和鼓舞你？ | 改写后的想法 |
| --- | --- | --- |
| 今天我对自己很好 | 是<br>否 | |
| 我需要隐瞒这个错误，防止别人发现 | 是<br>否 | |
| 今天我对新同学微笑了 | 是<br>否 | |
| 我开始处理新的任务了，我很激动 | 是<br>否 | |
| 我考试没及格，因为我不擅长数学 | 是<br>否 | |

## 正念写作

正念写作是一种很有效的正念练习方式。可以有效地帮助你掌控自己的想法和情绪。用纸笔记录的时候，你需要放慢自己的思维，将内心世界所经历的事情传达到现实世界中。是写作的过程将我们的内心世界和现实世界连接了起来。

写作用到的笔和纸存在于现实世界。而你的想法和情绪则存在于你的内心世界。

一种行之有效的，探索和挖掘你的想法和情绪的方式就是写日记。日记是一个不存在批判的空间，在这个空间里，你可以尽情地去探索你的思维和内心。因为这个空间只有一个特殊的听众，那就是你自己！

试一试

## 写作的力量！

怎样开始写日记呢？

1. 请准备一支笔和一张纸。你也可以在背面的空白处或是日记本上写日记。

2. 要想养成写日记的习惯，你可以选择每天都在某个特定的时间来写。

3. 请将所有你想记录的事写下来，并试着将你的情绪和想法通过文字、图片或涂鸦表达出来。

4. 动笔的时候，你的“思维天空”中或许会出现很多想法，这很正常。你要接受这些想法，并尝试将它们表达出来，你也可以将你想要持续关注的想法记录下来。

5. 开阔眼界，保持好奇心。

这里有一些小窍门，可以帮助你开始写日记：

★ 当你想到自己的脑部和思维正在成长时，你脑海中会出现怎样的画面呢？

★ 你今天犯的最酷的错误是什么？

★ 你想要接受什么样的新挑战？

★ 你为自己拥有的哪些技能感到自豪？

# 你可以稍稍落伍一下

你可以暂时放下你的棍子。（哈？）

很久很久以前，棍子曾是人类的“高科技设备”，那时人们每天带着棍子，就像我们现在带着手机一样。那时候，人类喜欢尝试用不同的方式来使用棍子，从而更加高效便捷地完成一些任务。棍子就是我们的工具，我们希望用它来创造和建造新事物。

如果你回到那个时代，可能会在某个山洞里听到早期人类父母对她们的孩子说：“放下你的棍子！该吃饭了。”或是说：“放下你的棍子！该睡觉了。”早期人类的孩子可能会回答：“哦，但是我还想再玩儿一下我的棍子。”她们的父母接下来可能会说：“就是因为你沉迷于玩儿棍子，才丧失了与他人的联系。”她们的对话与我们刚刚说的可能并不完全一致，但是你应该能明白我的意思。

对她们来说，棍子是有趣、强大的学习工具。但你也要知道，正是由于早期人类的孩子放下了她们的棍子，她们才有机会产生新的想法，才能有更开阔的眼界。最终，她们学会了放下“高科技设备”，去拓宽自己的眼界，进行更多的发明创造。

当你可以放下“棍子”并专注于发生在你身边的事情时，才能在探索和创造上投入更多的时间。

## 从吃饭到睡觉

与你的身体一样，你的脑部和思维同样也需要吃饭、睡觉和玩耍。吃饭就是在给你的身体、脑部和思维提供能量。营养丰富的食物，可以为脑部提供所需的能量和维生素，以便你充分发挥自己的能力。

吃饭也是练习正念的好时机，因为此时你可以调动所有的核心感官。下次吃饭的时候，请记得注意这些事：它闻起来是什么味道的？尝起来怎么样？咀嚼和吞咽食物的时候，你有什么感觉？你能想象这些食物在哪里生长，又是如何生产出来的吗？你对自己吃的饭有了哪些新的认识？你能不能数清自己一共嚼了多少下？

睡眠会占据我们一天中的大部分时间，它对你的健康至关重要。睡眠会帮助你的身体、脑部和思维进行休息！很多人会通过睡前仪式使自己平静下来，并练习感恩。也有人通过正念呼吸，使她们的身体、脑部和思维做好休息的准备。你有属于自己的睡前仪式吗？

试一试

## 发现适合自己的睡前仪式！

在接下来的几晚，你可以通过这个练习试着发现自己独特的睡前仪式。入睡前 1 小时你在做什么？入睡前 30 分钟你在做什么？入睡前 2 分钟你在想什么？请将这些情况在睡觉前记录下来，并将第二天早晨醒来时的感觉也记录下来。全部写完之后，你能从中发现什么规律吗？

睡前 1 小时：

睡前30分钟：

睡前2分钟：

第二天早晨：

**去做**

让我感到害怕的事

**会消除**

我对这件事的

**恐惧**

——珊达·瑞姆斯

珊达·瑞姆斯是美国知名编剧、制片人和导演。她参与编剧的作品有《实习医生格蕾》和《丑闻》等。

# 第4章

# 与恐惧同行

我们已经在前几章中了解了脑部，学习了让思维平静下来的方法。接下来我们将学习一个新的词语，它听起来像是成长型思维的敌人，实际上却是它的伙伴。没错，那就是恐惧。

恐惧是一种很有趣的情绪，人类能存在如此之久，可得好好感谢恐惧！虽然恐惧是人类的朋友，但是我们也需要对恐惧有所控制，因为有时它把保护我们的工作看得太重了。恐惧的过分保护，会让我们错失迎接挑战和拥抱灵感的机会。

在这一章里，你将学习如何在不同的成长区和学习区——家、学校或者未来的某一时刻——面对恐惧。我们还将了解不同的成长区和学习区与错误和好奇心有什么联系。



## 了解基本区域

你可能听说过一些关于区域研究的知识，比如说你会进入舒适区、恐慌区、学习区和成长区。无论参加什么活动，你都将进入其中一个“区域”。在不同区域中，你会有不同的思考、感受和体验。每个人的区域都很独特，因此你和你朋友的恐慌区可能并不相同。

你的每个区域是什么样的呢？你在每个区域中的感受又如何呢？

在这些区域中活动的方式多种多样。其中最重要的是在你做出决定或接受挑战后，去关注自己的感受。当你认真去了解自己是如何做出决定的时候，就会对自己和自己的区域有更深的认识。

舒适区：在这里，你会感到安全和可控

恐慌区：众所周知恐惧会让人警觉。在这里，你会想尽一切办法避免那些会让你感到恐惧或焦虑的情况

学习区：在这里，你可能会感到紧张、焦虑、沮丧、好奇、平静、激动或者自豪。你会去尝试新事物、冒险、实践、犯错、失败或者学习新的知识和技能

成长区：在这里，你可能会感到害怕、紧张、焦虑、沮丧、好奇、平静、激动或者自豪。你会使用你所学的知识，设置新的目标，或者采取行动继续向前

## 恐惧型决策和成长型决策

每天我们都需要做成百上千个，甚至成千上万个决定。这些决定可能简单，也可能复杂，可能是我们主动做出的，也可能是在无意间做出的。这些决定总是可以被分为两大类：恐惧型决策和成长型决策。

恐惧型决策是指出于恐惧做出的决定，那些决定的目的是让我们远离危险。同样地，恐惧也会使我们待在舒适区和恐慌区，远离学习区和成长区。恐惧本来是有益的，但是也会让我们退缩。

成长型决策需要我们在做出决定时，即使感到恐惧，也能意识到自己并没有面临真正的危险。我们必须明白，恐惧会保护我们。即使恐惧让人不安，我们也要学会与恐惧同行。

请牢记：成长型决策会增强你的其他情绪和感觉——比如喜悦和自豪。一旦你下定决心开始行动，恐惧感就会慢慢减弱，你也会开始享受这段旅程。

## 试一试

# 鉴别恐惧型决策和成长型决策！

下面是恐惧型决策和成长型决策的一些例子：

| 恐惧型决策 | 成长型决策 |
|---|---|
| 当别人让你在公共场合展示你的能力时（例如演讲），你会拒绝，因为你害怕别人的看法 | 当别人让你在公共场合展示你的能力时，你会接受，因为你知道这样会增强你的自信心和勇气 |
| 你会拒绝接受挑战，因为你害怕犯错或失败 | 你会接受挑战，因为你知道挑战和错误会让你的脑部和思维变得更强大，也会让你变得更聪明 |
| 你会选修更容易的数学课，因为你希望自己知道所有问题的答案 | 你督促自己选择更难的数学课，并不断向老师寻求帮助，最终学到了更多的知识 |

现在轮到你了，请你在下一页的表格中继续举例。

| 恐惧型决策 | 成长型决策 |
|---|---|
| | |
| | |
| | |

一旦你开始关注做出决定的原因，就会发现自己在以一种新奇的、出乎意料的、充满挑战并且极其有趣的方式成长。

## 如果出错怎么办？

当我们准备走出舒适区和恐慌区，进入学习区和成长区时，一不小心就会掉进“如果”的陷阱。这时我们会为那些可能出现的糟糕情况而担心。

你可能会担心：

- ★ 如果我在演讲中忘词了怎么办？
- ★ 如果我表演时摔倒在舞台上怎么办？
- ★ 如果别人嘲笑我怎么办？
- ★ 如果我的耳朵和舌头不听使唤，不能说话，也听不到她们嘲笑我的声音；当我逃跑时被绊倒，并且深陷“如果”的陷阱难以自拔该怎么办？我觉得这些问题很有可能出现！

人们总是担心“如果”出现问题该怎么办。很多时候，我们在心里编排的那些“如果”与事实相去甚远，并且很少成真。仔细想想我们脑海中那些独具创造性的出错场景，我们甚至要惊叹于自己丰富的想象力。不过，这种担心会给我们停下来的机会，让我们得以反复确认自己是否安全。这种担心也可能会让我们看清现实，了解当下，并帮助我们继续前进。

下次你在做决定时，看看自己能不能注意到“如果”这个陷阱，能不能控制住自己，做出一个成长型决策，将注意力转移，不要陷入对“如果出错了怎么办”的担心里。

温馨提示：对“如果出错了怎么办”的担忧会给你一个停下来审视自己内心的机会。这时，你要认真了解自己的真实想法。如果你的身体和情绪都感到危险和不安，可以马上去找一个值得信赖的成年人交流、讨论你的想法和感受，并向她寻求帮助。

## 意料之外的伙伴：错误

在人生的旅途中，你会遇到很多阻碍，甚至会遇到一些恶棍。你会不断被打倒，但总会站起来。你也会经历许多值得庆祝的成功和冒险。在旅程中，你知道你最忠诚的伙伴之一是谁吗？它就是“错误”。

有了成长型思维，你会发现自己乐于接受更大、更有趣的挑战。接受更大挑战的同时，你也会犯更多的错误。不过，犯更多的错误正是我们的目标。我们在这里所说的多犯错误是什么意思呢？怎样才能将犯错看作旅程的一部分呢？

有时候，“错误”这个词代表的是那些我们需要极力避免的事情。一开始，我们用“错误”形容那些我们认为不合适、不正确的事。后来我们将一系列的错误看作失败。但是，如果我们可以从错误中学习，它还能被称作失败吗？当然不能！因为错误会激发我们学习的动力，让我们的脑部兴奋起来。

一个由神经科学家和心理学家组成的团队发现，当你犯错时，脑部的突触会被激活。你可能意识不到这个过程，但是此时你的脑部会被唤醒、会成长。换句话说，我们经历的那些挣扎会使脑部成长。

在错误中，我们可以学到新知识、改掉坏习惯或者对一件事产生新的认识。没有两个错误是完全相同的。有的错误可能不会影响什么，有的可能会导致很糟的后果。但最重要的问题不是“你犯的错误有多大？”，而是“你从错误中学到了什么？”“改正了什么坏习惯？”“重新认识到了什么？”。

**试一试**

## 改写错误！

“犯错和失败是坏事”这个糟糕的观念广为流传。但这个观念很适合被打破、丢弃或改写。请在一张纸上写下“犯错误是坏事”这句话，然后将这张纸撕碎、丢掉！然后再找一张新的纸，写下：

**犯错误可以让我的脑部成长！**

你还可以在这张纸上添加一些有趣的元素、图片、符号或是表情。

## 从错误中学习

你是否曾有过这样的经历？为了一次演出、一场比赛或是一次演讲，竭尽所能去努力、去练习。答案大概是肯定的，我们都会有这样的经历，也总是希望自己能尽量避免犯错，但无论我们的期望如何，错误和失败总会出现，这是很正常的现象。

世界上的许多发明和发现——比如灯泡、巧克力饼干和橡皮泥——都是在错误和失败中诞生的。一开始人们可能想尝试做某件事、接受某个挑战或解决某个问题，但最终她们会在这个过程中取得另一个成就。在这个过程中“尝试”是最重要的。虽然人们会在尝试中犯错，但正是这些错误让新发明的诞生成为可能。

当你处在学习区和成长区时，会更容易接受自己犯错的事实。你可以练习说：“你好，错误！很高兴再次见到你。你的出现意味着我正在学习新知识。”

在学习新事物的过程中，犯错是很正常的事，接受了这一点，我们就可以理所当然地拥抱错误。你的学习区和成长区其实就是犯错误区和接受错误区。

下面跟你分享一些可以帮助你接受错误的知识和信息：

- ★ 错误可以激活你的脑部，并让脑部成长；
- ★ 错误可以给你提供更多信息；
- ★ 错误有助于你学习和成长；
- ★ 没有哪两个错误是相同的；
- ★ 犯错误并从中学习有助于增加你的力量、潜力，也为你带来更多可能。

## 认识你的错误

错误是非常有价值的：它们为我们的学习和成长提供了有用的信息。我们犯的每一个错误，都是一个学习新知识、改掉坏习惯或获得新认识的机会。我们要像接受自己的想法和情绪一样，用友爱和好奇来迎接错误。

你甚至可以和你的错误交流。你可以问它："你想教会我什么呢？"然后像一个调查员一样认真、仔细地倾听你的错误，并尽可能从中了解更多你需要的信息。接下来，你就可以在这些信息的帮助下进行下一次尝试了。学习的过程本应如此，我们要学会拥抱从头来过和反复尝试。

## 试一试

# 审视你的错误！

当你不断尝试时，你所犯的错误是否帮助了你，你能回忆起其中的几个吗？它们是怎么帮助你的？请写出几个你最近犯的错误和从中学到的东西。

| 我犯的错误 | 我从中学到了 |
| --- | --- |
| | |
| | |
| | |

# 一个将错误隐藏的地方

有时候，学校看起来是一个不欢迎错误和失败的地方。在学校里，学生总是被不断地评判和评估，所以你可能会觉得自己需要知道所有问题的正确答案。你甚至还会害怕提出问题，或是不愿承认“我还不知道”。我们通常把这种不欢迎错误和失败的地方称作表演区。

学校是一个学习和成长的地方，学生把这里当作表演区是个很严重的问题。我们会忙于向别人证明自己已经学会了一切，证明我们知道所有问题的答案。在学习的过程中，错误和失败是必然的，当我们过分担心出错和失败时，就会选择待在自己的舒适区和恐慌区，难以在学习、进步和成长的过程中全力以赴。

你可能已经在学校体验过不能犯错误或是失败的感觉。如果你有过这种感受，我很抱歉。成年人应该让学校成为一个可以安心学习的地方，一个鼓励学生去冒险和犯错的地方。成年人应该努力让学校成为学生的学习区和成长区。

好在你是可以改变学校或是校外学习环境的年青一代。那要怎么做才能推进这种改变呢？你可以从把关于成长型思维的知识分享给其他人开始！

## 她们拥有意志力！

我不知道你有没有开始来月经。但你知道吗，有一个由世界各地的女孩和妇女组成的组织，正在为你争取月经期的权益？她们希望帮助你在一个安全、健康、有人支持、没有批判的环境中庆祝你的经期。

有一些和你差不多大的女孩在 2014 年建立了一个名为 PERIOD 的组织，为女孩们提供帮助。PERIOD 和 HelloFlo 等其他类似的组织旨在为学校、收容所和监狱提供免费、干净、健康的经期用品。

这些组织中的女孩们致力于改变人们对于月经的想法、谈论方式和学习途径。她们为实现女孩经期平等的全球变革而奋斗。为了增进人们对于经期贫困的认识，她们甚至在 2019 年 10 月 19 日组织了全球首个“国家月经日”活动。很多像你一样的女孩和女人都在呼吁女性应该获得更平价、更方便的经期用品，并呼吁国家永久取消卫生巾和卫生棉条税。

试一试

## 拥抱困难！

有许多方法可以帮助你在学校里进入学习区和成长区，比如：

- ★ 邀请朋友加入你的运动队；
- ★ 邀请一个你还不认识的人和你一起参加新的社团活动；
- ★ 在课堂上举手回答问题（即使老师没有叫你回答，也要继续举手）；
- ★ 无论是在课堂上还是课后，都要积极分享你的想法和观点；
- ★ 为你认为重要的事情努力奋斗；
- ★ 尝试新事物！

接下来，请写出两个你认为可以帮助自己在学校进入学习区和成长区的方法。

## 在家里成长

以下是一些可以帮助你在家里成长的方式：

★ 与你的兄弟姐妹、父母、祖父母、邻居和朋友一起解决问题；

★ 在邻居中结交新的朋友；

★ 报名参加你喜欢的新课程，比如艺术课、拳击课、舞蹈课和音乐课；

★ 参加一项运动，比如篮球、足球、游泳、曲棍球和射箭，你可以自由选择自己想做的运动；

★ 设计或创造一些东西。

## 试一试

# 采访一位成年人！

你会不会好奇一个成年人曾经犯过怎样的错误？经历过哪些失败？让我们来采访她们吧！下面列出的问题可以帮助你了解成年人犯错的经历，以及她们从错误中学到了什么。

采访前建议：为了获得最佳答案，你要告诉受访者，你想更好地了解她们，告诉她们你想知道“错误”的意义，学习她们是如何处理自己犯下的错误的。然后，从下面的问题中选择一个向她们提问。如果你可以自己想出一个问题那就更好了。

★ 对你来说“错误”意味着什么？

★ 对你来说“失败”意味着什么？

★ 你犯的错误中，哪些是你认为最宝贵的？

★ 你经历的失败中，哪些是你认为最宝贵的？

★ 某一个错误是如何发生的？

★ 某一次失败是如何发生的？

★ 当你犯错时，你有什么感觉？

★ 当你失败时，你有什么感觉？

★ 你从错误中学到了什么？

★ 你从失败中学到了什么？

你可以随意使用下面的空白处来记录她们的回答。我们的目的是让你与自己信任的成年人分享可以增进感情的经历，互相学习，并对彼此的生活充满好奇。

没有

# 错误

就没有

# 诗

——乔伊·哈乔

乔伊·哈乔是美国当代最具影响力的印第安诗人，也是首位获得美国桂冠诗人称号的印第安诗人。

# 第5章

# 人无完人

在收获成长型思维的旅途中，一个很大的阻碍就是追求完美。但是，让我来跟你分享一个秘密：完美这个概念，就只是一个概念而已。总是想着它会妨碍你进步。

当你的目标是让自己变得完美，你就会忙于证明自己的完美。但是，“完美”是一个虚构的彼岸，它并不真的存在。当你过分关注自己在别人眼中是否完美的时候，你就会错过属于自己的旅程以及旅途中那些激动人心的冒险！

在这一章中，我们将一起打破完美的神话。你会了解到当我们犯错误并反复尝试时，可以学到多少知识，又将获得怎样的成长。



## 有很多事情在等着你去做

人们有时会避免尝试新事物或是做一件困难的事，因为她们可能在这些方面还不够“完美”。但是，如果你不去尝试，就会错过那些本可以经历的有趣和美好的事！

那些你可能会错过的事：

★ 学习演奏吉他，跟一支乐队一起周游世界；

★ 学习海洋生物学，和海豚一起畅游大海；

★ 学习一门外语，与世界各地的小伙伴交朋友；

★ 在动物收容所做志愿者，关怀和安慰走丢或受伤的动物。

人生中还有很多事情等着你去探索。接下来，让我们一起探讨如何避免让自己陷入追求完美和与他人做比较的陷阱，并学习如何更好地赞美和支持他人！

## 完美 = 一场表演

在学习的过程中，如果你没有付出努力、经历挣扎和犯错，就不是真正在学习。你可能在做一件事，但那并不是学习。比如穿衣服和吃早餐，当你做这两件事时，只是单纯地在做动作，并没有从中学习。

有时为了向别人证明自己很聪明，你会花很多时间和精力去做自己已经会做的事。因为你会得到类似的暗示：你正在被评估和批判。这时，你会向别人展示所有自己擅长的事。一旦你开始表演和证明，就会很快陷入“追求完美”的陷阱中。有时还会由于过分担心失败而停止努力。

然而，学习本就是一个充满了努力、挣扎、错误和失败的过程。无论你要学的是什么，在开始的时候都会困难重重，但正因为这样，我们的脑部才会在不断的磨砺中成长。如果一件事对你来说很简单，就意味着你已经学会这件事了。

试一试

## 重新定义完美！

接下来让我们一起去探索“完美”究竟意味着什么。请在下面的空白处，写出此刻你对“完美”的定义：

当你意识到“完美”只是一个想法的时候，是什么感觉？当“完美”由你来定义的时候，你是如何思考这个定义的？在你刚刚写下的定义中，“完美”这个词语的含义由你来决定，你可以把它转化为任何自己理解的意思。如果“完美”对你来说是在学习新东西的过程中犯下的一个有趣的错误，那么这就是“完美”的定义！“完美”是你想做到的事，而不是别人想让你做到的事。

请在下一页的表格中写出三项或四项活动，并重新定义在这些活动中做到“完美”是什么样子的。如果你想到的活动是“弹吉他”，那么“完美”的新含义可能就是“断断续续地弹奏完一首新歌”。如果你的想法疯狂又充满野心，也请不要担心。这是你的游戏，“完美”由你定义。

| 活动内容 | 重新定义这个活动的“完美” |
| --- | --- |
| | |
| | |
| | |

## 振作起来，再试一次

“跌倒七次，就要爬起来八次。”

“锲而舍之，朽木不折；锲而不舍，金石可镂。”

“千磨万击还坚劲，任尔东西南北风。”

你认为这些习语和谚语都是什么意思呢？

单独来看这些习语，有一些表达可能在逻辑上说不通，但是当你把这些习语放到语境中去理解，它的含义就很明确了。比如单独看“跌倒七次，就要爬起来八次”就很难理解，因为当你跌倒七次之后，你只须爬起来七次，而不是八次。那么它的含义究竟是什么呢？

它是指当你遇到挫折或阻碍时（这些都是无法避免的），要坚持，要不断磨炼自己的抗挫能力，重新站起来，振作起来，即使前途未卜，也要鼓起勇气继续前进。

## 她拥有意志力！

塞雷娜·威廉姆斯是网球冠军，同时也是历史上最伟大的运动员之一，当她意识到输球带给她的力量时，她的运动表现和生活都因此达到了一个新的水平。

她曾说："当你的表现总是很好时，你会不知道如何进步。但是，如果你失败了、跌倒了，就可以再次站起来、振作起来，你的状态甚至会比失败之前还要好。"

塞雷娜通过不懈努力，在网球比赛中斩获了很多次冠军。然而，随之而来的巨大压力使她连续输掉了三场大满贯比赛[1]。这时她才意识到，在追求完美的过程中，她限制了自己的发挥。

后来，她努力调整心态，放松下来。她开始享受比赛，享受每一次失败和胜利。最终，她连续赢得了四场大满贯赛事。

[1] 大满贯即网球"大满贯系列赛"的简称，包括澳大利亚网球公开赛、法国网球公开赛、温布顿网球公开赛和美国网球公开赛四项赛事。

## 反馈是你的伙伴

我们说的反馈是什么意思呢？反馈来自哪里？反馈是指你从外界获得的信息，这些信息能够帮助你继续前行。反馈是你人生旅途中的伙伴，而你的伙伴总是会给予你反馈。

下面有一些需要你注意的，关于反馈的小贴士：

★ 并不是所有反馈都是友善的；

★ 你可以向信得过的长辈、同龄人和朋友寻求反馈；

★ 每一个反馈都是独一无二的；

★ 不要接受贬低你的反馈。

从我们之前聊过的那些标准来看，你收到的反馈是不是能够：

★ 尊重你？

★ 欣赏你？

★ 重视你？

★ 帮助你？

★ 支持你？

★ 挑战你？

★ 激励你？

★ 开阔你学习的眼界？

★ 增加你的力量、潜力和可能性？

关于反馈，布琳·布朗博士给我们提出了这样的建议：“在人生的竞技场上，远处票价便宜的座位上坐满了从未上场参与过竞技的人。她们只是坐在那里，保持着一个安全的距离，向场上的竞技者投以刻薄的批评和贬低。”

她还说，如果一个人只是为了批评、刻薄和侮辱而对她提出批评，她会拒绝接受这种反馈。她会忽视这样的批评，继续向前。我们所有人都可以根据她的建议，面对我们接收到的反馈。

## 像一只好奇的小猫一样生活

信不信由你，好奇心曾经是一种让人害怕的东西。有那么一段时间，有些人（拥有固定型思维模式的人）希望世界保持原有的样子，不再改变。那些人不希望人们太过自信，不鼓励好奇心的存在；她们不希望人们对世界的未来和发展做出设想，认为好奇心是应该被控制的。

现在我们对于好奇心有了进一步的了解，知道好奇心是一个神奇的工具。它可以带我们走遍世界各地，使我们不断进步，也可以使世界变得更加美好。它是一粒种子，会长成学习的大树。

好奇心也是“追求完美”的解药。当我们对一件事感到好奇的时候，我们只是想要进一步去了解它，尝试它，而不是关心我们的表现如何，或者我们是否做对了。

你可以经常问问自己：

★ 今天我怎样才能锻炼自己？

★ 我对什么感到好奇？

★ 今天我想学点儿什么？



## 一个新的小技巧

你的好奇心会引导你去接受新的挑战和冒险。但很多时候，这些新的冒险会强迫你迫降在自己的恐慌区。为了使你身处恐慌区也能自如应对并且继续前行，可以使用一些小技巧。其中一个就是给自己念个咒语。

咒语是我们不断重复的一个特定的句子，它可以将我们的注意力引导至某个特定的想法、意图或者角度上。看到这里，你应该知道，不论自己关注的是什么想法，这个想法都会在你的思维和头脑中成长。因此，与其迷失在变幻莫测的想法中，不如用念咒语的方式让自己的注意力集中起来。

## 试一试

# 念一个给你勇气的咒语！

当你需要勇气的时候，可以试试下面这几个咒语：

★“我希望我的声音能被听到。”

★“我在哪里，勇气就在哪里。”

★“我希望我可以被看到、被听到。”

★“勇气让人成长。”

★“我充满勇气。”

★“我就是力量。”

★“我很勇敢。”

★“我的潜力是无限的。”

当你开始练习这些会带给你勇气的咒语时，你可以对它们做出调整，使它们成为你的专属咒语。接下来，请在下面的气泡框中写下属于你自己的勇气咒语，当然也可以选择上面已经列出的那些。

## 她拥有意志力！

在希拉里·罗德姆·克林顿还是个孩子的时候，她的梦想是成为一名宇航员，而不是美国总统。在她生活的那个时代，即使女性已经开始参与跟太空飞行相关的数学计算工作，为把宇航员送入太空在幕后默默努力着，人们却普遍认为女性不能或不应该成为宇航员，当然也不能或不应该成为总统。

2008 年希拉里参与竞选美国总统，最终失败了。但是那次失败并没有打垮她——她继续担任了奥巴马总统的国务卿，也就是她竞选时输给的那位候选人。2016 年，她再次竞选美国总统——这一次她作为第一位被主要政党提名的女性参与竞选。但她再次落选。为了成为美国总统，她做过两次尝试，也经历了两次失败。

从那之后，她便致力于向世界各地的女孩和女性朋友们提供鼓励和帮助，她还与女儿切尔西出版了一本名为《勇敢女性之书：我最喜爱的那些关于勇气和坚韧的故事》的书。2018 年是美国有史以来，女性成功通过竞选成为公职人员人数最多的一次，这要感谢希拉里·克林顿以及许多像她一样勇敢的女性。是她们做出的尝试和经历的失败让这一切成为可能。

## 只有经历无数次失败，才能学会飞行

是时候庆祝一下了！因为此刻你一定已经在人生的旅途中犯过很多次错误，经历过很多次失败了——只要活着就会经历失败。只要你是一个学习者，就要不断进入学习区和成长区。那你有没有想过怎样来庆祝自己的错误和失败呢？

试一试

### 新式击掌庆祝！

在我读大学的时候，我最好的朋友史黛丝教给了我一种庆祝错误和失败的方法，那就是和自己击掌。每当她对某件事感到激动的时候，都会和自己来一次“击掌庆祝”。与自己击掌这种行为听起来可能有点儿傻，但我渐渐喜欢上了这种庆祝方式。后来，每次我犯了错，都会在脑海中和自己击掌庆祝。

你有什么好的庆祝错误和失败的方法吗？请在下面的空白处写出三种吧。

我们可能会经历很多次

**失败**

但我们绝不能

**被打败**

——玛雅·安吉罗

玛雅·安吉罗是当代美国非裔女诗人中的杰出代表，也是好莱坞第一位非裔女编剧。

# 第6章

# 好事连连

迎接新的挑战会让我们鼓起勇气、跃跃欲试。但是直面挑战并不总是那么轻而易举。我们可能会遇到很多阻碍，因此想要放弃或是掉转方向。当我们面对阻碍时，会产生很多的想法和情绪。

但是你要知道，我们的想法和情绪跟错误一样，也会为我们提供信息，帮助我们学习。仔细想想，这些想法和情绪是在对你提出警告吗？还是在保护你的安全？还是它们想要让你待在舒适区和恐慌区？它们是在拖你的后腿，还是在鼓励你学习和成长？

在这一部分，你将会学习如何通过倾听自己内心的声音，去拥抱困难、面对阻碍。你会通过倾听内心的声音，了解自己真实的想法，然后由此突破所有你遇到的阻碍。

## 受挫是学习的必经之路

成长型思维会督促你不断接受挑战和尝试新事物，这样你才能不断学习，你的脑部才能不停成长。

在你接受挑战和尝试新事物的时候，也会遇到挫折。挫折的出现意味着新一轮挑战的开始。经历挫折和挣扎意味着你正在走出自己的舒适区，进入学习区和成长区。挣扎和挫折正是你在学习的标志。

下一次学习新事物的时候，如果你开始挣扎或感到受挫，可以试着通过下面的几个小技巧来调整自己的情绪：

- ★ 做几次深呼吸；
- ★ 念出你的勇气咒语，让自己的注意力重新集中起来；
- ★ 注意自己的想法和情绪，比如你正在想什么？你有什么样的感受？
- ★ 大方承认自己的想法和情绪：“我感到……”或是“我在想……”。

## 试一试

# 与挫折为友！

当你可以自如地审视自己的想法和情绪之后，可以试着去改变这些想法和情绪，以此来激励自己前进。（提示：试试使用前面学到过的神奇词语“还没有”。）

下面的表格中举了一些例子供你参考：

| 在挫败感中产生的想法 | 激励自己前进的想法 |
| --- | --- |
| “这件事情太难了！” | “因为我刚开始学习做这件事，所以它对我来说很难。但是我知道，如果我能带着挣扎和受挫的感受继续努力学习，就可以做好这件事。” |
| “我不知道该怎么完成这件事。” | “我还不知道该怎么完成这件事，但是当我完成之后，一定会为自己感到自豪。” |
| “这件事情我完成不了。” | “我暂时还做不到。我需要时间去学习和实践，才能更好地完成它。” |
| “为什么这个人总是在妨碍我？” | “我很好奇她们在担心什么。她们一定还不知道怎样通过成长型思维去看待我或者她们自己。” |

现在轮到你来举例子了。当你产生挫败感时，可能会产生哪些想法？请在左边一栏中列举出你的三个想法。然后，请在右边一栏中将这些想法转化为激励自己前进的想法。

| 在挫败感中产生的想法 | 激励自己前进的想法 |
| --- | --- |
| | |
| | |
| | |

## 也许的故事

我相信你已经感受到“还没有”这个说法的魔力了。那么你了解“也许”的魔法吗？有时事情的发展会与你的想法或计划有所不同——这样的情况对大部分人来说是常态。错误和失败总会出现，需要从头开始的情况也常常发生。

当犯错、失败和从头开始的情况发生时——特别是当着别人的面发生时——我们会担心别人对我们的看法。比如“她们听到我演讲时声音在颤抖了吗？她们注意到我鼻子上的痘痘了吗？”。出现这些想法是很正常的。我们都是社会人，必然会关注别人的想法。

但事实上，我们很难弄清别人究竟在想什么。正如我们自己的想法只是暂时的一样，别人的想法也只是一闪而过。这时就会出现“也许”的故事。“也许人们都沉浸在自己的想法中，她们甚至没有听到我的声音在颤抖”，或者是“也许她们注意到了我鼻子上的痘痘，但仅仅想了大概一纳秒，就开始担心她们自己的事情了：她们的课题项目还需要完成什么任务、她们的弟弟有没有拿走自己的口香糖、她们放学后需要给谁发消息、吃午餐时要和谁谈话……”。总之，你明白我想表达的意思。

请记住：想法和情绪只是暂时的——不论是你的还是别人的。

## 关注你能掌控的事情

生活中有很多我们可以掌控的事情，也有很多事情是我们无法控制的。天气？无法控制。别人对你的看法和评价？无法控制。我们对自己的看法和评价？可以控制。我们对自己的尊重、善意和同情？可以控制。

在生活中，有时你可能会感到对某些事失去了控制，或是感到自己正在失控。这当然正常，尤其在你开始担心别人对自己的看法或感受时，这种感觉更有可能出现。这时，对你来说重要的是去关注自己还有你的内心世界。

试一试

## 转移注意力！

当你感到失控时，请放慢脚步，做几次深呼吸。然后，把你的注意力和焦点转移到那些可以掌控的事情上。你可以问问自己下面这些问题，来帮助自己转移注意力。

- ★ 我想要移动身体的哪些部位呢？
- ★ 我想要想点什么？
- ★ 我想要唱什么歌，或者哼什么歌？
- ★ 我想要去设计或创造些什么？
- ★ 我想要梦到些什么？
- ★ 还有什么事情是我可以掌控的？

你可以任意选择一个问题来回答，并把答案记录在下面的空白处。必要时你可以常回来想想这些问题。

## 改变是好事

我们的身边无时无刻不在发生着改变。改变让我们眺望新的天空，感受新的季节，探索新的思想和想法，结交新的朋友，拥有新的体验，拥抱新的机会并从中学习和成长。

接受错误和失败、迎接挑战、解决问题和学习新东西都会给我们带来改变，切实地改变我们的脑组织以及我们的想法、感受和存在。我们无时无刻不在发生着改变。

美国前第一夫人米歇尔·奥巴马在她的书《蜕变》中分享了她学到的很多东西，其中之一就是成年人向孩子传达出的信息经常带有局限性。“现在，我认为成年人向孩子提出的最没用的问题之一就是‘你长大后想做什么？’，仿佛成长是有限制的，好像你在人生的某一时刻做成了某件事，你的人生就结束了。”

这本书的书名《蜕变》代表着一个观念，那就是我们总是在不断地改变和进化。在人生的旅途中，我们不会在某一时间点突然停止学习、改变和成长。我们无时无刻不在蜕变。

试一试

## 带着善意成长！

如果别人问你长大后想做什么，你可能会感到抵触。如果你不知道答案，甚至可能会感到羞愧。虽然这种反应是正常的，但就像米歇尔·奥巴马告诉我们的那样，这个问题本身就很愚蠢。

与其考虑你想成为什么样的人，不如考虑一下你想用什么样的方式来对待别人。俗话说："人们可能会忘记你说过什么，但她们永远都不会忘记你给她们带来的感受。"

你想以什么样的方式对待别人呢？请在下面的空白处列出五种。

# 怀抱更大的梦想，散发更耀眼的光芒

这本书的主要目的是帮助你学习和培养成长型思维，让你能够在困难面前挖掘和拥抱自己无穷的力量和潜能。养成成长型思维，有助于你：

- ★ 掌控自己学习和成长的过程——成长型思维就像一座花园，需要你的培育和养护；
- ★ 明白学习是需要投入努力和精力的；
- ★ 拥抱挑战；
- ★ 了解犯错的价值；
- ★ 坚信自己的力量、潜能和可能性。

在人生的旅程中，如果别人质疑、欺负、不理解我们或是不知道该如何支持我们，该怎么办呢？这时成长型思维会激励我们，让我们敢于面对质疑，怀抱更大的梦想，散发属于自己的更耀眼的光芒。当有人质疑你并试图掩盖你的光芒时，你要努力让自己变得更加耀眼。如果你对她们来说太过耀眼，那就让她们自己戴副墨镜吧。

## 推己及人

人是善于关注并理解发生在我们周围的事情的，这是我们所具有的一种天赋。这种天赋给了我们开阔眼界和增强同理心的机会。拥有同理心是指你能够敏感地察觉和理解他人正在经历的想法和情绪。

当你环顾四周时，会发现每个人的生活各不相同。有的人过着自己规划的人生，有的人则在被设定好的人生轨迹中生活。你会发现大大小小的问题，也会看到改善这些问题的机会。我们的世界里存在的问题正是我们做出有意义的改变、计划并活出自我的机遇，也是我们支持他人去计划和活出自我的机会。

## 她拥有意志力！

洁丝·詹宁斯明白自己不是社会上大部分人认同的男孩，她有着女孩的思维、内心和灵魂。在她 6 岁的时候，为了锻炼自己的勇气和胆量，她就**性别认同**这一话题，在一期关于**跨性别**儿童的电视专题节目中接受了著名记者芭芭拉·沃尔特斯[1]的采访。

之后，洁丝作为 **LGBTQ+ 群体**的积极分子，凭借自己的勇气，向世界展示了她的人生历程。她出版了童书《我是女孩》并参与了同名真人秀节目，还在世界各地举办了许多演讲活动。在 2014 年和 2015 年，她曾两度被《时代》杂志评为最具影响力的青少年之一。

[1] 芭芭拉·沃尔特斯是美国电视新闻历史上第一位女性联合主持人、尼克松首次访华团中唯一的女主播，采访过自尼克松以来每一位美国总统和第一夫人，并五次获得艾美奖。

试一试

## 做一个积极分子！

请花些时间想一想你周遭发生的事。你的邻里有什么新闻？你的社区正在发生什么事？你的国家呢？世界上的其他国家和地区又发生了什么？你看到了什么？听到了什么？又有什么样的感受呢？请在空白处写下你的发现吧。

根据观察，你觉得自己可以通过哪些方式来帮助邻居或者社区里的其他人呢？请把你的想法写在下面的空白处。

## 设定一个小目标

对于正在学习的事情和正在经历的成长过程，你能做些什么？你可以通过更进一步来庆祝自己已经取得的成绩。也就是说，你可以先给自己设定一个小目标。

那么目标究竟是什么呢？目标是你想取得的成就。你的目标可大可小。这并不是要求你现在就规划好人生的每一步，而是需要你想一想，为了实现自己的理想，自己每天需要做些什么。

下面有一些关于目标设定的小建议可以帮到你：

★ 设定一个小目标，每天祝贺自己，并在镜子里对自己微笑；

★ 设定一个小目标，和别人分享你学到的东西；

★ 设定一个小目标，学习新东西；

★ 设定一个小目标，迎接新的挑战；

★ 设定一个小目标，庆祝你犯的每一个错误；

★ 设定一个小目标，为你的同学们创造一个安全的环境，让她们可以庆祝自己犯的错误。



> 要永远做真实的自己，
> 不要让别人的话
> 扰乱你实现目标的信念。
>
> ——米歇尔·奥巴马，律师、作家、美国前第一夫人

试一试

## 设定一个新目标！

现在轮到你来为自己设定目标了。请在下面空白处列出你的目标。为了更好地实现它们，还可以写出你期望达成目标的时间，以及谁能帮助你实现它们。请记住：目标是可以修改的。修改也属于学习的一部分。

| 我的目标 | 我期望实现目标的时间 | 我可以向谁寻求帮助 |
| --- | --- | --- |
| | | |
| | | |
| | | |

如果你的目标没有实现，那也没关系。还记得塞雷娜·威廉姆斯吗？她也曾失败过。你要做的就是保持好奇心，想想自己为什么没能实现目标，是什么妨碍了你。也许是因为没有获得你需要的资源和帮助？也许是你听信了别人阻碍你实现目标的话？接下来你可以根据上面考虑的这些问题，调整你为了达到目标所做的规划，并向你信赖的、支持你的成年人寻求帮助——然后再试一次。最后，请将这次学习的过程记录在下面的空白处。

# 永远不要

因为

# 害怕失败

而停止行动

—— 利留卡拉尼女王

利留卡拉尼女王是夏威夷王国最后一位君主和唯一一位女王，也是一名作曲家和作家，其作品包括歌曲《阿罗哈—奥耶》和回忆录《夏威夷女王话夏威夷》。

# 第7章

# 打破常规的女孩

其他女性的人生经验与你还有你体验新事物的能力有什么关联呢?

在历史的长河中，有很多对男孩和女孩能做什么、应该做什么的看法充满了局限性。那些手握权力的人决定了女孩和男孩各自应该做些什么、学些什么，应该对某些事作何感受。这多么愚蠢！这些狭隘的观念将女孩们——尤其是有色人种的女孩们——拦在一些特定的领域、经历和机会门外。

如今我们知道，这是固定型思维模式在作怪。直到今天，有人仍然抱守着这样的思维模式。当我们谈论人们应该做什么、有什么样的感受和学些什么的时候，不仅要平等对待不同肤色的男孩和女孩，还要意识到根据一个人的生理性别（根据生理特征来区分性别）、社会性别（根据自身的身份认同来区分性别）、种族或其他特征来决定别人能做什么或应该做什么，会伤害到每一个人。男孩也会哭泣，女孩也可以声音洪亮。女孩可以穿蓝色的衣服，男孩也可以喜欢化妆。男孩长大以后能够成为护士，女孩长大以后也可以创办工程公司。我们每一个人的智慧都是无限的。

一部分残存的旧观念依旧影响着今天的男孩和女孩，不过已经有越来越多的人参与到打破这些错误看法的活动中了。让我们一起来看看吧……

# 打破神话

我们已经摆脱了一个错误的观念，那就是女生不擅长数学、科学和技术。但其实女孩一直都可以是优秀的数学家、科学家和技术专家。一直都是，从未改变。女性和男性的学习能力是相同的。

现在我们正在不断寻找女性产生影响、发出声音的途径——即便她们没有因此获得本应属于她们的肯定与荣誉。

谁是第一个计算机程序员？谁推算出了将火箭发射到太空所需的数学公式？谁发现并向社会公布了神经可塑性的初始研究结果？谁在 DNA 研究领域取得了重大进展，破解了人类 DNA 的奥秘？是女性。下面的内容中会讲到更多相关的故事。

## 她们拥有意志力！

阿达·洛芙莱斯[1]设计并发表了应用于第一台现代计算机的算法。而她也作为第一位计算机程序员闻名于世。

凯瑟琳·约翰逊[2]推算出了将火箭送入太空需要用到的数学公式，参与了美国国家航空航天局（NASA）将宇航员送入环地轨道、登陆月球、安全返回等一系列工作任务。即使她在工作中遭遇了**性别歧视和种族歧视**，也从未放弃。她非常热爱数学，甚至因此获得了“人类计算机”的外号。

玛丽安·戴蒙德被认为是现代神经科学的创始人之一，是世界上第一位向世人展示脑部神经可塑性的科学家。她甚至从爱因斯坦的脑部发现了神经可塑性的证据。

罗莎琳德·富兰克林[3]的研究工作给人类 DNA 研究带来了新的发现。她证明了人类 DNA 的结构是双螺旋形的，被看作是历史上最具启发性的科学家之一。

❶ 阿达·洛芙莱斯是 19 世纪计算机程序创始人和数学家。她定义了循环和子程序概念。
❷ 凯瑟琳·约翰逊是非裔女性数学家和物理学家，美国航天史上最重要的人物之一，她在 NASA 工作的 33 年间，参与了包括水星计划和阿波罗登月计划在内的很多重要航天计划，为太空探索做出了巨大贡献。
❸ 罗莎琳德·富兰克林是英国物理化学家和晶体学家，她拍摄的 DNA 晶体 X 射线衍射照片对 DNA 结构的发现起到了关键作用。

## 回首过去

遭遇陈旧过时或者不正确的观念会让人伤心和失望。幸好，时代是在不停变化的。我们打破陈规的动力来源于对历史的进一步探索。如果回溯到更久远的过去，我们可以找到很多女性受到推崇或深受尊重的事例。

你可能听说过著名的女性埃及法老克里奥帕特拉[1]。但你知道吗？她并不是第一位也不是唯一一位女性法老。埃及历史上的第一位女性领导人名叫哈特谢普苏特，这个词的原意是指“最尊贵的女性”，她从公元前 1473 年执政至公元前 1458 年，领导埃及长达 15 年之久。学习历史会帮助我们真诚地拥抱男女平等的理念。阅读这本书并将你从中学到的知识运用到生活中，去做一些有意义的贡献，就是一个很好的开始。

## 天空不是极限

让我们再讲一个倡导男女平等的故事吧！大概在六七十年前，人类还不能进行太空旅行。但是美国人在 1969 年登陆了月球——这要得益于凯瑟琳·约翰逊优秀的数学能力！即使在那个探索与发现的时代，还是有很多人错误地认为女性不能成为宇航员。直到 2019 年 10 月 18 日，第一支完全由女性组成的太空行走团队进入了太空，并修复了国际空间站电力网络的破损部分。许多跟你差不多大的学生，举着“天空不是极限！”的

[1] 克里奥帕特拉是埃及托勒密王朝最后一位女王。

标语，为太空行走团的宇航员克里斯蒂娜·科克和杰西卡·迈尔欢呼。

作为阿尔忒弥斯任务[1]的一部分，6 名女性宇航员和 8 名男性宇航员将于 2024 年登陆月球。这 6 名女性宇航员将成为第一批登上月球的女性。今后，她们可能还会去往火星！

---

[1] 阿尔忒弥斯任务是美国最新的载人登月计划。

## 她拥有意志力！

你想要造一个火箭将人们送往火星吗？火箭科学家提亚拉·吉恩·弗莱彻还在读大学时，就做到了这件事。当时她参与了美国国家航空航天局有史以来体积最大、运载力最强的火箭的建造工作。现在，提亚拉正在为世界上最大的航空航天制造商波音公司工作。

提亚拉从小就热爱数学和科学，但是追逐梦想、伸手摘星的过程并不容易。她想要制造飞机和火箭，因此选择了去一所离家一小时车程的高中读书，她知道在这所学校学习会帮助她实现自己的梦想。在大学里，她也经常是航空航天和工程课课堂中唯一的女孩。不过，这些困难都没有阻碍她前进的脚步。

她曾说："你要对梦想抱有期待，任何事都不该成为你的阻碍。在这个过程中，无论有多少艰难险阻，无论要挥洒多少泪水和汗水，你都要坚持。而且你必须明白，没有哪种成功是轻易可得的。只要专注努力、保持初心，你就能成功。"

# 率先进入新的领域

如果你为了实现自己的梦想，正在努力锻炼，培养能力，为未来创造更多的可能性，你很可能会发现自己所处的领域仅有几个女孩（或是仅有你一个女孩）。你经历过这样的情况吗？

虽然女孩和男孩的学习能力相同，但是女孩在进入某些领域的过程中并不总能与男孩获得一样的支持。因此对于女孩来说，自信、勇气和领导力是非常重要的。更重要的是你要知道谁能给予你支持，并在遇到困难时勇敢向她们寻求帮助。

勇气就像是——一种秉性、一种习惯、一种美德：
你可以通过勇敢的行为来获得勇气。
就像你可以通过去游泳而学会游泳，
你可以通过鼓起勇气来获得勇气。

——玛丽·戴利，
第一位获得化学博士学位的非裔美国女性

当只有你一个人提出某些要求、做某件事、发起某次活动或是推动某件事发展的时候，你可能会感到孤独。但是，当你努力踏入一个新的领域时，不仅为自己打开了一扇机会的大门，还为所有想在你之后进入这个领域的女孩们留下了机会。不要害怕率先进入一个新的领域，这是你本来就拥有的权利。

当你感到孤独的时候，可以试着提醒自己，虽然你没有在这个领域看到其他女孩，但这并不意味着她们没有追逐自己的梦想。所有的女孩都在世界的各个角落努力实现着属于自己的目标。了解那些女孩和女性获得突破性成就的故事，会帮助你意识到自己也是男女平等这场全球性运动的一部分。当你意识到这一点时，就会为自己所做的事情感到自豪，还会对这些了不起的女性产生一种亲切感。

当你感到孤独的时候，请想想这本手册。回来看看这一部分的内容。你可以再读一遍这些故事，做些笔记，将这一页折个角，以便你能更容易地看到这句话：**你并不是孤身一人。**

我可以向你保证，你有我的支持，有其他数百万女孩和女性的支持。

试一试

### 记录你的勇敢事迹！

你还记得自己做过的勇敢的事吗？请在下面的空白处记录下来。如果你想不起来，可以去问问你的老师、父母或是一位值得信赖的朋友！她们总是会支持你，为你的勇敢而骄傲，有时也会在你没有意识到的情况下发现你的勇敢事迹。

---

---



## 世界各地的女孩们

每一天，世界上都有许多女孩和年轻女性为了让自己的生活、家庭、学校和社区，甚至整个世界变得更好而做出勇敢的选择。我们展现勇敢的方式是不同的，不同的方式之间没有优劣之别。我们每个人所拥有的资源和遇到的机会是不同的。我们如何照顾家庭，如何享受自己的生活也千差万别。

但是，我们的动机是相同的。作为女性，我们都希望被看到、被听到，都希望获得安全、尊重、欣赏、重视、支持和挑战。我们想要的是什么呢？我们希望能够自由地行使并扩大我们的权利，过我们想要的、充实的生活。

## 她们拥有意志力！

很多女孩和年轻女性正在领导着与气候变化相关的活动。其中最受关注的就是格蕾塔·通贝里[1]，她被《时代》杂志评选为 2019 年年度人物。格蕾塔在 16 岁时就横跨半个地球，到联合国纽约总部就气候变化这一她深切关心的问题向全世界发表演讲。凭借这种热情，她不知疲倦地领导着针对气候变化问题的活动。

还有很多女孩也想要参与到这场变革之中。她们积极呼吁、共同努力，并将自己的想法付诸实践。伊斯拉·希尔西、哈文·科尔曼、亚历山大·维拉森共同创立了“为气候而战的美利坚罢课青年团（YCSUS）”组织。她们通过组织学生走出学校参与活动，让更多人意识到气候变化带来的严重后果。16 岁的吉米·玛戈林与她的朋友纳迪娅·纳扎尔、玛德琳·图和扎纳吉·阿蒂斯一同发起了名为“零点时刻”的运动，她们组织活动，举办峰会，利用社交媒体分享各种资源和工具，借由这些尝试来引起人们对气候变化的重视。

[1] 格蕾塔·通贝里是一个瑞典女孩，也是全球知名的气候问题活动家，她在 16 岁时发起“星期五为未来”运动。

试一试

## 做出改变！

你的身边有越来越多的年轻人——尤其是女孩们——正在不断激励并发起着变革。这些变革总是快速向前推进。那么你呢？你想要如何锻炼自己的能力、开发自己的潜能并抓住新的机会呢？抓住现在，马上做出改变吧！

你认为在我们的文化中，或是世界上其他地方有没有需要改变的事？请在下面的空白处写出一件来。

你明天就可以做出的改变是什么？你可以通过踏出怎样的一小步，来开始这次改变呢？请写在下面的空白处。要记住，格蕾塔·通贝里引起的变革始于她孤身一人带着一个写有标语的牌子在瑞典议会前对全球气候变化表示抗议。

一位

**永不言弃**

的女性

**永远**

都

**不会失败**

——阿比 · 瓦姆巴赫

阿比·瓦姆巴赫是前女子职业足球运动员，获得过 6 次美国足球小姐、1 次世界足球小姐奖项。她还代领美国队获得过两届奥运会、一届世界杯金牌。

# 第8章

# 你和你的狼群

作为人类，我们最神奇的经历之一就是通过一种诚实又有意义的方式与他人产生联系。当我们将全部的自己毫无保留地展现在他人面前时，就是在做真实的自己。我们将此称为本真性。

本真性意味着我们在某个时刻或某种情况下做真实的自己，而不是我们认为别人希望我们成为的样子，或是别人可能更喜欢的样子。当你做真实的自己时，不会为了取悦别人而妥协，改变自己的观点、目标、想法、希望、梦想或是欲望。你不会为了满足别人对你的期望而牺牲自己的幸福，也不会拿自己和别人做比较。

做最真实的自己，是你即将学习的最难的课程之一。忠于自我需要勇气，有时你甚至需要用一生的时间来达到这个目标。只有这样，你才能获得内心的平静，并与周围的人形成一种真实持久的联系。接下来让我们一起看看成长型思维是怎么帮助我们展现真实的自我的。

## 最自由的自我

当你感到自由——不受任何限制去做自己的时候，你是一个怎样的人呢？你觉得自己很傻？有趣？好奇？愤怒？悲伤？欢乐？恼怒？还是沮丧？展现真实自我的关键在于了解自己的情绪。当你审视自己的情绪时，做自己就会变得很容易。你要知道，无论自己现在的感受如何，有怎样的想法，它们都是真实存在的，也只是暂时的。说它们是“真实的”，是因为你真切地感受到了这种情绪。（没人可以说你的感受不真实！）但既然是情绪，就会过去，当然也可能会再次出现。这就是事物的本质：不断地循环往复。

当我们将全部的自我展现出来的时候，也会放下批判。我们不会将我们的感受和样子分为“好的”和“坏的”。这不过是我们本来的样子。接受自己本来的样子，意味着我们不会在意来自他人的评价——不论是轻声的建议还是大声的呵斥，不会将自己与他人做比较，也不会去期望得到和别人一样的东西，和别人看起来一样或是和她们做一样的事。

试一试

## 打破常规！

因为那些规定你“应该”怎样做的条条框框太多了，展示真实的自我可能会让你感到不舒服。其实这些规则都是别人捏造出来的，它们会给你设限，就连“应该”这个词本身也具有限制性。

女孩“应该”遵守哪些规则呢？请你在左侧一栏中列出五条，然后在右侧一栏中写出如何去打破这些所谓的规则。右侧这些规则就是你要遵守的新规则了。

| 所谓的规则 | 打破规则 |
| --- | --- |
| 女孩应该是乖巧和安静的 | 女孩也可以是胆大的、声音洪亮的、勇敢的 |
| | |
| | |
| | |
| | |
| | |

接下来，让我们看看对男孩来说有哪些“应该”遵守的规则，又该如何打破这些所谓的规则。要记住，这些所谓的规则有时候会伤害到所有人。

| 所谓的规则 | 打破规则 |
| --- | --- |
| 男孩永远不应该哭泣 | 男孩也会有很强烈的感情，他们也可以想哭就哭 |
| | |
| | |
| | |
| | |
| | |

## 将勇气融入生活的每时每刻

规划和享受属于你自己的生活需要自信、勇气和胆量。知易行难，想要增长自信、勇气和胆量，就要每天锻炼自己。下面列出了一些小方法，可以帮助你在日常生活中培养自信心、勇气和胆量。你也可以和你的家人与朋友分享！

- ★ 展现真实的自我，而不是经过伪装的自我！在成长的过程中，随着人生经历的丰富，每个人真实的自我都会有所变化，有时还会超越从前的自我；
- ★ 积极与大家分享你的想法和见解。你的想法和看法很重要；
- ★ 善于提出问题；
- ★ 积极解答问题；
- ★ 告诉别人你的感受，或是对伤害了你的人直言自己的感觉；
- ★ 对你不想做的事情说“不”；
- ★ 即使你可能会感到紧张、害怕和焦虑，也鼓起勇气对你想做的事说“好”。在你决定是否要继续做一件事时，可以通过提出各种问题来帮助自己做决定；
- ★ 尊重自己；
- ★ 尊重他人；
- ★ 鼓励自己；
- ★ 鼓励他人；
- ★ 倾听自己的声音；
- ★ 倾听他人的意见；
- ★ 维护自己；

- 维护他人；
- 支持自己；
- 支持他人；
- 走出你的舒适区；
- 尝试新事物；
- 迎接挑战；
- 从错误中学习；
- 做出你自己的选择和决定。

试一试

## 日常生活中的勇气！

请在下面的空白处写出三件你日常会做的勇敢的事。答案可以是勇敢站出来面对学校恶霸这种需要一点勇气的事，也可以是勇敢向老师开口寻求帮助这样的有意义的事。

现在请想出一件你将在本周结束前尝试去做的勇敢的事。接下来想象你正试着去完成这件事，虽然你犯了些错误，但依旧坚持下来了。最后，请将这件勇敢的事以及冒险的感觉记录下来！

# 你的狼群

一旦你展现出真实的自己，其他人也会因为受到你的影响而展现出真实的自我。当我们所有人都以真实的自我出现时，神奇的事情就会发生：我们会与他人产生联结，通过各种方式相互支持、相互鼓励，并且为彼此感到骄傲。当所有人都勇敢做自己时，我们就能将个人支持转变成集体支持。

足球场上就有一个很好的例子。职业足球运动员和妇女权益倡导者阿比·瓦姆巴赫给这种集体支持起了一个特别的名字，叫作“冲向彼此和指向彼此”。

阿比明白，她能够进球得分是因为有队友的支持，因此每当她攻进一球，都会和队友们冲向彼此也指向彼此。队友们会一起冲向得分的伙伴，大家一起欢呼庆祝；得分的人则会指着助攻队友表示：“正是因为你们的支持，我刚刚才能进球！”通过冲向彼此和指向彼此来庆祝完美的团队合作，让我们明白成功最好的部分是分享成功，分享会使每个人都获得提升。这就是女孩力量的来源。

## 阿比的新规则

在阿比的书《狼群：如何团结起来，释放我们的力量并改变游戏规则》中，她对八条陈旧的规则进行了改写：

| 旧规则 | 阿比的新规则 |
| --- | --- |
| 沿着现在的人生道路走下去 | 创造属于自己的人生道路 |
| 对已经拥有的东西心怀感激 | 对已经拥有的东西心怀感激，同时对应得的东西努力争取 |
| 得到许可后再带球冲锋 | 立刻带球冲锋——无论你在赛场的什么位置 |
| 失败意味着你被淘汰出局了 | 失败意味着你终于参与到比赛中了 |
| 彼此竞争 | 彼此成就 |
| 求稳、不冒险。把球传给队友 | 相信自己。让队友传球给自己 |
| 依靠权势领导团队 | 通过友爱领导团队，并培养下一位领袖 |
| 你只能靠自己 | 你并非孤身一人，你还有你的狼群相伴 |

阿比的规则列表有没有和你前面写下的规则相似的内容呢？你可以随意使用或改写阿比的规则，因为她也是你狼群中的一员。

## 她拥有意志力！

阿比·瓦姆巴赫从四岁起开始踢足球。她认为来自家里哥哥姐姐的挑战让她成为更好的运动员。她在青少年和成年时期都经历过苦难。因为是同性恋者，她遭遇了不少偏见，这也导致她遭受了很多的痛苦和虐待。在球场上，她还受到过头部的创伤。但是，拥有成长型思维的阿比并没有被这些苦难打败，最终成就了耀眼的自己！她获得过两届奥运会金牌，保持着国家队进球总数第一的世界纪录。她不仅是国际足联女子世界杯冠军，还六次获得美国年度最佳足球运动员称号。如今，她对女性和女孩权益的支持和维护，已经拓展到了球场以外的很多领域。

### 来自全球的女孩力

来自世界各地的女孩和女性团结一致，相互支持，相互鼓励，为彼此的成就庆祝，她们都是我们的榜样。

★ 米歇尔·奥巴马、马拉拉·尤萨夫扎伊[1]和奥普拉·温弗

---

[1] 马拉拉·尤萨夫扎伊是女性教育活动家以及最年轻的诺贝尔奖获得者。

瑞[1]都致力于在全世界范围内捍卫女孩获得教育的权利。

★ 梅琳达·盖茨[2]在全世界范围内倡导性别平等和性别公平。

★ 还有很多像格蕾塔·通贝里这样的女孩联合起来，共同领导针对气候变化问题的运动。

★ 由阿比·瓦姆巴赫、梅根·拉皮诺埃[3]和阿莱克斯·摩根[4]等球员领导的女子足球队，正在为争取男女球员同工同酬而奋斗。

★ 很多女性教师也在共同努力，以确保彼此在关心、教育、支持学生和自己家庭的同时，能够获得良好的支持。

★ 像格洛丽亚·斯泰纳姆[5]和玛利亚·白妮亚[6]一样的女性活动家，为女性创建了可以学习、分享和展示的公共论坛。



---

❶ 奥普拉·温弗瑞是美国演员、制片人、主持人，曾获奥斯卡金像奖、“吉恩·赫肖尔特人道主义奖”和美国电影电视金球奖“终身成就奖”，代表作有《奥普拉脱口秀》。

❷ 梅琳达·盖茨是企业家，盖茨基金会主席，她致力于慈善事业。

❸ 梅根·拉皮诺埃是美国女子职业足球运动员，现效力于美国西雅图帝王队。她获得过女足金球奖和东京奥运会女子足球铜牌。

❹ 阿莱克斯·摩根是美国女子职业足球运动员，现效力于美国女足国家队。她获得过东京奥运会女子足球铜牌。

❺ 格洛丽亚·斯泰纳姆，美国女权运动先锋。

❻ 玛利亚·白妮亚对巴西颁布好撒玛利亚人法起到推动作用，该法案规定对妇女施暴的人将受到严惩。

★ 像斯泰茜·艾布拉姆斯[1]、杰辛达·阿德恩[2]和辛西亚·塞米勒米斯[3]这样的政治领袖，则共同致力于选举更多的女性成为政府公职人员。

★ 如果女孩能够相互支持、鼓励并为彼此的成就喝彩，则一切皆有可能。

> 作为女性，如果我们中一半的人遇到了阻碍，
> 那么我们就无法获得彻底的成功。
> 我们呼吁身处世界各地的女性朋友们
> 鼓起勇气——去拥抱她们内心的力量，
> 实现她们最大的潜能。
>
> ——马拉拉·尤萨夫扎伊



❶ 斯泰茜·艾布拉姆斯是美国第一位非裔女性州长候选人、律师，现任美国佐治亚州议会少数党领袖。

❷ 杰辛达·阿德恩，政治家，第 40 任新西兰总理。

❸ 辛西亚·塞米勒米斯是巴西的女性主义运动领袖，米纳斯联邦大学的法学教授，她帮助很多想要成为律师的女孩实现了她们的梦想。

试一试

## 女孩支持女孩!

你可能并没有意识到，自己正在为其他的女孩和女性提供支持。可能你帮助朋友回答了数学作业里的难题，鼓励两个朋友解决了她们之间的分歧，到场支持了小伙伴的第一场篮球比赛，或者是组织朋友们参与了倡导女性权益的游行。无论你通过什么方式帮助了他人，都快夸夸你自己，鼓励自己继续前进!

接下来，请记录下两件你做过的，给予其他女孩或女性支持和帮助的事。

1. ------------------------------------------------

------------------------------------------------

2. ------------------------------------------------

------------------------------------------------

你认为自己可以通过什么样的方式帮助全世界的女孩呢？试着写出两种。

1. ------------------------------------------------

------------------------------------------------

2. ------------------------------------------------

------------------------------------------------

## 随着时间的推移做出改变

我们之前谈到过，将自己与他人做比较或是将自己与过去的自己做比较，都显得很不公平。为什么呢？因为我们总是在不断地变化和成长。

当我们观察自己的内心世界和周围环境时，会发现变化无处不在，并且随时都在发生。不仅是我们自己，我们认识的每一个人，甚至植物和动物也在经历着内心世界与周围环境的变化。这些变化的例子都有什么呢？

试一试

## 发现自己的变化！

你已经不再是五年前或者一个月前的自己了，你甚至与一分钟前的自己也不一样！随着时间的流逝，你知道自己究竟发生了哪些变化吗？请记录下你的三个变化吧。这些变化可以是你有了新的爱好或新的思维方式，也可以是一些你做过的改变自己的勇敢举动。

## 无限的你

在这本书中，你学会了如何增长自己的力量、开发自己的潜能和发现更多的可能性，也尝试着做了一些让这个世界变得更美好的事。是时候让我们再庆祝一次了！祝贺自己在积累内在力量和自身潜力上投入了时间和精力。

你拥有无穷的力量和潜能，可以尽情去想象自己的人生里蕴藏的千百种可能。你正在不断学习、变化和成长——这将成就你的一生。学习没有年龄要求与限制，所以，尽情地拥抱学习，享受学习，规划并过上自己想要的充实人生吧！

让我们一起怀揣更大的梦想，散发出更耀眼的光芒，让这个世界因为我们而变得更好！

谢谢你们和我一同走过这段学习的旅程。你们激励着我去规划并享受自己丰富多彩的人生，我对你们每一个人都心怀感激。愿你们继续展翅高飞！

# 我的笔记

这里有一些额外的笔记空间，你可以在这里记录自己的想法、情绪、观点、希望、梦想、挣扎、错误、失败和自己坚韧的表现。这里完全属于你。你可以尽情将自己疯狂的、天马行空的想法记录下来。

# 关键词

LGBTQ+ 群体（LGBTQ+）：几个群体的首字母缩写，包括女同性恋者（lesbian）、男同性恋者（gay）、双性恋者（bisexual）、跨性别者（transgender）和酷儿（queer）或对其性别认同感到疑惑的人（questioning），“+”包括更多首字母缩写中没有包含的性别认同分类。

本真性（authenticity）：真诚或真实的品质。

表演区（performance zone）：一个你感觉受到批判和评估，或是不接受犯错和失败的区域。

成长区（growth zone）：一个你学有所用，并为自己设定目标的区域。

成长型决策（growth-based decision）：从成长进步的角度做出的决定，这样的决定会促使你超越恐惧。

成长型思维（growth mindset）：一种信念，这种信念认为，由于我们脑部和神经的可塑性，我们的智力、能力、技能、天赋和性格也具有可塑性，并且这些都会随着我们的想法、感受以及言行举止的变化而发生改变。

抽象思维（abstract thinking）：对于一些不是很具体或很明确的

事物进行深度思考的思维方式。

大脑（cerebrum）：脑部负责将感觉和神经系统相结合，控制非自主身体活动的区域。

反刍思维（ruminating）：在心里对某件事进行反复的思考。

反馈（feedback）：你从外界——比如朋友那里——获取的信息。

海马体（hippocampus）：脑部负责情绪、记忆和神经系统的中心。

激情（passion）：你对某件事很关注、很重视，认为它十分重要，并且愿意为此付出更多时间。

解药（antidote）：可以缓解或抵消某一事物的东西。

具象思维（concrete thinking）：对现实世界、具体事物的直接思考。

可塑的（malleable）：拥有变化的能力。

恐慌区（fear zone）：一个你感到害怕或焦虑的区域，在那里你会想要放弃或是避免使你焦虑的东西。

恐惧型决策（fear–based decision）：出于恐惧做出的决定，这样的决定会使你待在自己的舒适区内。

跨性别者（transgender）：一个人的性别认同和他 / 她出生时的生理性别不同。（例如一个跨性别男性，他出生时的生理性别为女性，但是对自己的性别认同为男性。）

冥想（meditation）：一种训练注意力、专注力和意识的精神练习方式（正念就是一种冥想方式）。

脑干（brain stem）：位于脑的底部，两个大脑半球和颈椎之间的部分。负责保持你身体的平衡，控制你的呼吸、血压等生理机能。

前额叶皮质（prefrontal cortex）：脑部负责调控选择、决定、计划和自我控制的区域。

社会性别（gender）：与一个人的态度、感受和行为方式有关的性别身份认同，如男性、女性或非二元性别。

神经发生（neurogenesis）：新的神经元生长的过程。

神经科学（neuroscience）：研究人体神经系统的科学。

神经科学家（neuroscientist）：从事神经科学研究的专家。

神经可塑性（neuroplasticity）：在我们的一生中脑部不断改变和成长的能力。

神经元（neurons）：也就是神经细胞，是脑部和神经系统的主要构成物质。它们负责人体内的信息传递。

生理性别（sex）：一个人的生理状态，也就是根据每个人出生时不同的生理特征划分的性别。（例如一个变性以后身份认同为男性的人出生时被标记的生理性别是女性。）

舒适区（comfort zone）：你感到安全且可控的区域。

思维模式（mindset）：你和他人所持的一系列思考态度。

同理心（empathy）：能够敏感地察觉、理解他人的想法、感受和经历。

突触（synapse）：两个神经元之间或神经元与其他细胞之间相互接触、传递信息的部位。

小脑（cerebellum）：脑部调控肌肉运动的区域。

杏仁核（amygdala）：脑部与情感记忆关联的区域。

性别歧视（sexism）：相信一种性别优于另一种性别。

性别认同（gender identity）：个体对自身性别的意识。

学习区（learning zone）：一个你会去尝试新事物、去冒险、去学习的区域。

学习生态系统（learning ecosystem）：是指在学习中学生、教师、学习环境和所学知识共同构成的体系。

意志力（grit）：积极面对困难、坚持不懈、从不轻言放弃的态度。

毅力（perseverance）：无论遇到什么样的困难和阻碍，不论经历怎样的挣扎或失败，甚至是遇到促使你放弃的事情，你也会坚持完成某件事的态度和能力。

正念（mindfulness）：一种冥想方式。感受当下、活在当下，无须考虑过去发生的事或是将来可能发生的事，只专注于当下。

种族歧视（racism）：将人按照所属的生物群体分入不同“种族”，认为一些生理特征与人格、道德、智力和其他行为特征与种族有关，认为一些种族先天优于另一些种族。

咒语（mantra）：为了将我们的内部能量聚集于某件事上，我们不断向自己重复的一个特定的句子。

自我暗示（self-talk）：我们与自己的对话。

自我设限的故事（self-limiting story）：我们给自己灌输或讲述的限制自我发展的信念或故事。

# 相关资源

“黑人女孩学编程”（Black Girls Code）致力于帮助 7~17 岁的有色人种女孩，让她们可以通过学习计算机科学与技术，成为未来的创新者、领导者和建设者。

★ *wearebgc.org*

“性格实验室”（Character Lab）依托科学研究成果，为家长和老师们分享实用的小建议。该组织由《意志力：激情和毅力的力量》一书的作者安吉拉·达克沃思创立。

★ *characterlab.org*

“编程女孩”（Girls Who Code）旨在为女孩们提供学习计算机科学的机会，以此缩小技术领域中的性别差异。该公司由《女孩要勇敢而不必完美》一书的作者拉什玛·萨贾尼创立。

★ *girlswhocode.com*

“女孩拿起笔”（Girls Write Now）旨在为得不到教育的年轻女性提供写作指导，让她们可以通过写作和团体的力量，发出她们的声音。

★ *girlswritenow.org*

“奔跑的女孩”（Girls on the Run）通过鼓励女孩积极参与跑步活动，让她们变得更加快乐、健康和自信。

★ *girlsontherun.org*

“女孩们”（Girls, Inc.）通过为女孩提供帮助和支持，激励她们变得坚强、聪明和勇敢。

★ *girlsinc.org*

“女孩机会联盟”（Girls Opportunity Alliance）致力于为全世界的女孩提供获得教育的机会。该组织由美国前第一夫人米歇尔·奥巴马创立。

★ *girlsopportunityalliance.org*

“重要的思维模式”（Mindset Works）是成长型思维研究的全球领导组织。这家公司通过以下几种方式向外界宣传成长型思维的重要性：科学研究、建立合作、为学生和教育工作者组织活动项目，以及提供与成长型思维有关的工具、资源和帮助。该公司由《终身成长：重新定义成功的思维模式》一书的作者卡罗尔·德韦克和她的同事丽萨·布莱克威尔博士以及爱德华多·布里赛诺共同创立。

★ *mindsetworks.com*

“学业、社会和情绪学习合作组织”（Collaborative for Academic, Social, and Emotional Learning, CASEL）是社会情感学习研究领域的领导组织。CASEL 通过科学研究、各大合作伙伴以及为人们提供相关的工具、资源和帮助，来促进社会情感学习的普及。

★ *casel.org*

“立方你”（YouCubed）将成长型思维和数学相结合，鼓励学生们培养具有开放性和创造性的数学思维模式。该组织由乔·博勒博士创立，她是《数学思维模式：通过具有创造性的数学、鼓舞人心的信息和创新型教学模式引导学生释放自己的潜能》和《学习天性：打开高效学习底层逻辑的 6 把钥匙》这两本书的作者。

★ *youcubed.org*

“创业实验室”（Venture Lab）致力于帮助孩子们，尤其是女孩们不断创新，创造并发掘自己的潜能。该组织由《创业女孩：培养女孩成为未来领导者》一书的作者克丽丝特尔·格朗才创立。

★ *venturelab.org*

“零点时刻”（Zero Hour）网站收集了气候和环境正义领域中青年的发声和呼吁。

★ *thisiszerohour.org*

“月经期”（PERIOD）组织旨在为学校、收容所和监狱提供免费、干净、健康的经期用品，并且致力于改变人们对月经落后的想法、谈论方式和学习途径。PERIOD 的组织者们正在为实现女孩月经期平等的全球变革而奋斗。

★ *period.org*

“强大的女孩”（A Mighty Girl）是世界上最大的一个为自信且勇敢的女孩们提供书籍、玩具和电影资源的网站。

★ *amightygirl.com*

# 参考文献

Brown, Brené. *Braving the Wilderness: The Quest for True Belonging and the Courage to Stand Alone.* New York: Random House, 2017.

Boaler, Jo. *Limitless Mind: Learn, Lead, and Live without Barriers.* New York: HarperOne, 2019.

Boaler, Jo. "Mistakes Grow Your Brain." YouCubed. https://www.youcubed.org/evidence/mistakes-grow-brain.

Curry, Colleen. "17 Top Female Scientists Who Have Changed the World." Global Citizen. https://www.globalcitizen.org/en/content/17-top-female-scientists-who-have-changed-the-world.

Duckworth, Angela. *Grit: The Power of Passion and Perseverance.* New York: Scribner, 2016.

Dweck, Carol. *Mindset: The New Psychology of Success.* New York: Ballantine Books, 2006. (*Source of the adapted Mindset Works chart used on page 5.)

Obama, Michelle. *Becoming*. New York: Crown, 2018.

Wambach, Abby. *Wolfpack: How to Come Together, Unleash Our Power, and Change the Game.* New York: Celadon Books, 2019.

# 致 谢

在我的人生中，曾有很多女性教导、支持并鼓励我去做自己。她们中有我大学时期的挚友史黛丝，我的表妹罗伯塔，我最初认识的女强人珍妮姨妈，还有许许多多给予我关爱、支持和鼓励的朋友、同事和导师。我的妈妈丹妮丝是最初为我插上翅膀的那个人。谢谢你，妈妈！因为有你的支持，我才能飞得更高、更远。

在创作这本书的过程中，我有一位特别的小编辑和灵感之源——我的女儿鲁昂。是她给了我关于这本书最真实的反馈。谢谢你，小鲁昂，谢谢你对我的指导和激励。对于你带给我的爱、善意、支持、想法和建议，我不胜感激。希望你能继续展翅高飞！

致一位每天带给我温柔和善意，并时刻提醒我要快乐工作的年轻人——我的儿子里德。希望你也能继续展翅高飞！

感谢在我生命中带给我爱和支持的几位男性：我的父亲，感谢他总是为我指明方向，让我飞得更快、更高；感谢我的兄弟们，他们从不妨碍我伸展翅膀；还要感谢一路上给予我支持的特雷弗。

感谢我所有的同事，她们是具有创造力、勇敢且大胆的教育工作者，她们也是我的朋友。正是我们彼此之间的相互支持、挑战和激励，使我们一起成为更好的自己。我爱你们所有人。特别感谢“早期思维模式培养”课程中的各位老师。你们明白师者的重要性。你们为了下一代的茁壮成长，将成长型思维和社会情感学习的内容融入每天的生活中，并为下一代创造了适宜的学习环境和机会。

特别感谢“杰克逊中心”的各位女士们，感谢你们带给我的温暖、力量和启发。

感谢这些年来从幼儿园到大学的教师生涯中，我的每一位学生（和女子篮球队的运动员们）。感谢这些年来我们共同学习和成长的经历。

感谢“重要的思维模式”（Mindset Works）团队，感谢你们坚定不移地向所有人宣传成长型思维。多年来，当我身处教育领域，推进成长型思维的宣传、教育、培养和应用工作时，无论遇到怎样的阻碍，你们总是我力量和灵感的来源。也感谢卡罗尔·德韦克和丽萨·布莱克威尔，感谢你们对我的指引。

也感谢我的编辑艾琳·纳尔逊和她的团队，是她们的努力和付出促成了这本书的出版，并将这本书带进大家的视野。

最后，为我们所有人拥有的无穷的力量、潜能和可能性欢呼庆祝吧！